高等职业教育机电工程类系列教材

工 程 力 学

（第 二 版）

主　编　皮智谋

副主编　任成高　杨　红

参　编　程　莉

主　审　胡德淦

西安电子科技大学出版社

内 容 简 介

本书主要介绍了静力学基础知识，包括静力学基本概念与物体的受力图、平面力系的平衡、空间力系的平衡；构件承载能力分析计算的基础知识，包括杆件的轴向拉伸与压缩、扭转与剪切、构件弯曲与组合变形；运动动力学基础知识，包括质点的运动、刚体的运动、动能定理等。每章后都附有思考与练习。

本书可作为高职院校和高等专科学校非机械类专业的"工程力学"课程（60 学时左右）教材，也可作为相关工程技术人员的参考读物。

★本书配有电子教案，需要者可登录出版社网站，免费提供。

图书在版编目(CIP)数据

工程力学/皮智谋主编. 2 版. —西安：

西安电子科技大学出版社，2011.5(2024.3 重印)

ISBN 978 - 7 - 5606 - 2555 - 3

Ⅰ. ①工… Ⅱ. ①皮… Ⅲ. ①工程力学－高等学校：技术学校－教材
Ⅳ. ① TB12

中国版本图书馆 CIP 数据核字(2011)第 027615 号

责任编辑　许青青　云立实
出版发行　西安电子科技大学出版社(西安市太白南路 2 号)
电　　话　(029)88202421　88201467　　邮　编　710071
网　　址　www.xduph.com　　　　电子邮箱　xdupfxb001@163.com
经　　销　新华书店
印刷单位　陕西日报印务有限公司
版　　次　2011 年 5 月第 2 版　2024 年 3 月第 16 次印刷
开　　本　787 毫米×1092 毫米　1/16　印张 9.5
字　　数　218 千字
定　　价　25.00 元
ISBN 978 - 7 - 5606 - 2555 - 3/TB

XDUP 2847002 - 16

＊＊＊如有印装问题可调换＊＊＊

第 二 版 前 言

　　本书自 2004 年 11 月出版以来，多次重印，取得了较好的教学效果，受到了广大师生的欢迎，被许多院校选为教学用书。

　　为适应高职高专教学改革的新形势，使本书更加符合高职高专院校人才培养的新需求，编者进行了本次修订工作。这次修订是在第一版的基础上进行的，主要是对第一版的内容进行了必要的完善、取舍、补充，并对第一版中的欠妥与错误之处进行了更正。

　　参加这次修订工作的有皮智谋、任成高、杨红和程莉。皮智谋统筹此次修订并担任主编，任成高、杨红为副主编，程莉为参编。全书由胡德淦主审。

　　限于作者的水平和经验，书中欠妥之处在所难免，恳请广大读者批评指正。

编　者

2011 年 3 月

第 一 版 前 言

本书是依据教育部制定的"工程力学"课程教学基本要求编写而成的，适合作为高职高专院校 60 学时左右的"工程力学"课程的教学用书。

本书在编写过程中，充分吸取了近几年高职高专教学改革的经验，力求体现高职高专培养技术应用型人才的特色。全书由具有多年"工程力学"课程教学经验的一线教师编写，在内容上着重讲清力学概念，真正简化理论推导，加强实践应用，确实做到简明易懂，实用性强。

皮智谋副教授担任本书主编，任成高副教授担任副主编。湖南工业职业技术学院任成高副教授编写第 1 章、第 2 章，程莉讲师编写第 3 章、第 4 章，皮智谋副教授编写第 5 章、第 6 章，杨红讲师编写第 7 章。

本书由郑州工业高等专科学校胡德淦副教授主审。

限于编者的水平和经验，书中欠妥之处在所难免，恳请广大读者批评指正。

编　者
2004 年 8 月

目　　录

第 1 章　静力学基本概念与物体的受力图

1.1　基 本 概 念

1.1.1　力的概念

人们在长期的生活和生产实践中，逐步形成了对力的感性认识，比如，当人们用手握、举、推、拉物体时，由于肌肉的紧张而感到力的作用，将这种感性认识上升到理性认识，就建立了抽象的力的概念。力是物体间相互的机械作用。物体间相互的机械作用大致可分为两类：一类是物体直接接触的作用，另一类是场的作用。这种作用使物体的运动状态或形状尺寸发生改变。物体运动状态的改变称为力的外效应或运动效应；物体形状尺寸的改变称为力的内效应或变形效应。

实践证明，力对物体的效应取决于力的三要素，即力的大小、方向和作用点。

在国际单位制中，力的单位为 N，常用的单位还有 kN，$1 \text{ kN} = 10^3 \text{ N}$。

力是一个既有大小又有方向的量，为矢量。矢量可用一具有方向的线段来表示，如图 1.1 所示。线段 AB 的起点（或终点）表示力的作用点，线段 AB 的方位和箭头指向表示力的方向，沿力的方向画出的直线称为力的作用线，而线段 AB 的长度则按一定的比例表示力的大小。本书中用黑体字母表示矢量，如 $\boldsymbol{F}$，用普通字母表示力的大小，如 F。

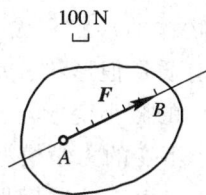

图　1.1

如图 1.2 所示，由力 $\boldsymbol{F}$ 的起点 A 和终点 B 分别作 x 轴的垂线，垂足分别为 a、b，线段 ab 冠以适当的正负号称为力 $\boldsymbol{F}$ 在 x 轴上的投影，用 F_x 表示，即

$$F_x = \pm ab \tag{1.1}$$

投影的正负号规定如下：若从 a 到 b 的方向与 x 轴的正向一致，则取正号；反之，则取负号。同样，力 $\boldsymbol{F}$ 在 y 轴上的投影为

$$F_y = \pm a'b' \tag{1.2}$$

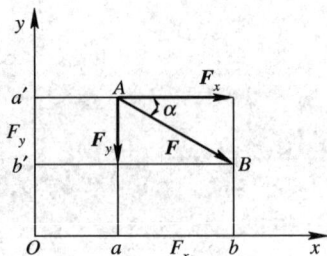

图　1.2

如图 1.2 所示，力 $\boldsymbol{F}$ 在 x 轴和 y 轴的投影分别为

$$\left.\begin{array}{l} F_x = F\cos\alpha \\ F_y = -F\sin\alpha \end{array}\right\} \tag{1.3}$$

由此可见，力在坐标轴上的投影是代数量。

若已知力 $\boldsymbol{F}$ 在平面直角坐标轴上的投影 F_x 和 F_y，则该力的大小和方向为

$$\left.\begin{array}{l} F = \sqrt{F_x^2 + F_y^2} \\ \tan\alpha = \left|\dfrac{F_y}{F_x}\right| \end{array}\right\} \tag{1.4}$$

式中，α 表示力 $\boldsymbol{F}$ 与 x 轴所夹的锐角，$\boldsymbol{F}$ 的指向由 F_x 和 F_y 的正负来确定。

作用于一个物体上的若干个力称为力系。若两个力系对物体的作用效应完全相同，则这两个力系称为等效力系。如果一个力与一个力系等效，则称此力为该力系的合力，而该力系中的各力称为合力的分力。把各分力等效代换成合力的过程称为力系的合成，把合力等效代换成各分力的过程称为力的分解。

平衡是指物体相对于地球处于静止或匀速直线运动时的状态。

如果物体在一力系作用下处于平衡状态，则称该力系为平衡力系。

工程力学的研究对象往往比较复杂，在对其进行力学分析时，必须根据问题的性质，抓住其主要矛盾，忽略其次要因素，对其进行合理简化，科学地抽象出力学模型。

在分析物体的运动规律时，如果物体的形状和大小与运动无关或对运动的影响很小，则可把物体抽象为质点。质点是指具有质量但形状、大小可忽略不计的力学模型。

在研究物体的平衡问题时，若物体的微小变形对平衡问题影响很小，则可把物体当作刚体。刚体是指受力时保持形状、大小不变的力学模型。

在分析强度、刚度和稳定性问题时，由于这些问题都与变形密切相关，因此即使是极其微小的变形也必须加以考虑，这时就必须把物体抽象为变形体这一力学模型。

1.1.2　力的基本性质

人们在长期的生活和生产活动中，经过实践－认识－再实践－再认识的过程，总结出了许多力所遵循的规律，其中最基本的性质有以下几条。这些性质的正确性已被实践所验证，为大家所公认，所以也称为静力学公理。

性质一　二力平衡公理

作用于刚体上的两个力使刚体处于平衡状态的充要条件是：这两个力大小相等，方向相反，且作用在同一条直线上，如图1.3所示，用矢量表示，即为

$$\boldsymbol{F}_A = -\boldsymbol{F}_B \tag{1.5}$$

对于变形体，这个条件是必要的，但不是充分的。

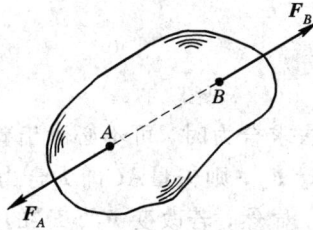

图 1.3

工程上常遇到只受两个力作用而平衡的构件，这种构件称为二力构件或二力杆。根据性质一，二力构件上的两个力必沿两力作用点的连线，且等值、反向，如图1.4所示。

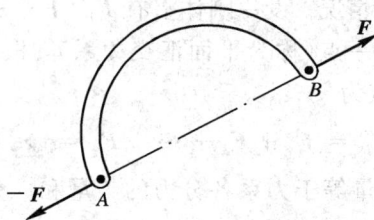

图 1.4

性质二 加减平衡力系公理

在作用于刚体的任意力系上，加上或者减去一个平衡力系，都不会改变原力系对刚体的作用效应。由此可得如下推论：

推论1 力的可传性

刚体上的力可沿其作用线移到该刚体上的任意位置，这样做并不改变该力对该刚体的作用效应。

如图1.5所示，作用于小车 A 点的推力 $\boldsymbol{F}$ 沿其作用线移到 B 点，得拉力 $\boldsymbol{F}'$，虽然推力变为拉力，但对小车的作用效应是相同的。由此可见，力的作用点对刚体来说已不是决定力的作用效应的要素。因此，作用于刚体上的力的三要素是力的大小、方向和作用线。

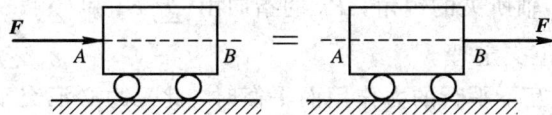

图 1.5

性质三 力的平行四边形法则

作用于物体上同一点的两个力可以合成为一个合力，合力的作用点仍在该点，合力的大小和方向由以这两个力为邻边所构成的平行四边形的对角线来确定，如图1.6(a)所示，其矢量表达式为

$$\boldsymbol{F}_R = \boldsymbol{F}_1 + \boldsymbol{F}_2 \tag{1.6}$$

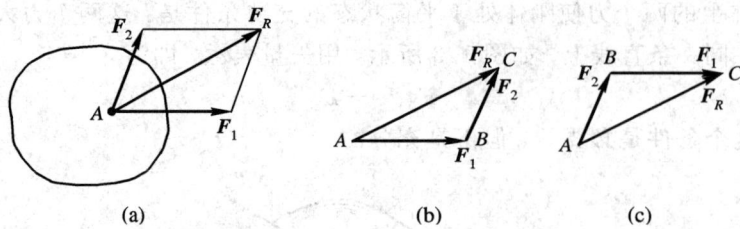

图　1.6

为方便起见，在利用矢量加法求合力时，可不必画出整个平行四边形，而是从 A 点作矢量 $\boldsymbol{F}_1$，再由 $\boldsymbol{F}_1$ 的末端 B 作矢量 $\boldsymbol{F}_2$，则矢量 $\overrightarrow{AC}$ 即为合力 $\boldsymbol{F}_R$，如图 1.6(b) 所示。这种求合力的方法称为力的三角形法则。显然，若改变 $\boldsymbol{F}_1$、$\boldsymbol{F}_2$ 的顺序，其结果不变，如图 1.6(c) 所示。

力的平行四边形法则既是力系合成的法则，也是力系分解的法则。该法则表明了共点力系简化的规律，它也是复杂力系简化的基础。

由此可推出 n 个力作用的情况。设一刚体上有 $\boldsymbol{F}_1$，$\boldsymbol{F}_2$，…，$\boldsymbol{F}_n$ 共 n 个力作用，力系中各力的作用线共面且汇交于同一点（称为平面汇交力系），根据性质三和式 (1.6) 将此力系合成为一个合力 $\boldsymbol{F}_R$，此合力应为

$$\boldsymbol{F}_R = \boldsymbol{F}_1 + \boldsymbol{F}_2 + \cdots + \boldsymbol{F}_n = \sum \boldsymbol{F} \tag{1.7}$$

可见，平面汇交力系的合力矢量等于力系各分力的矢量和。

将式 (1.7) 分别向 x、y 轴投影可得

$$\left.\begin{array}{l} F_{Rx} = F_{1x} + F_{2x} + \cdots + F_{nx} = \sum F_x \\ F_{Ry} = F_{1y} + F_{2y} + \cdots + F_{ny} = \sum F_y \end{array}\right\} \tag{1.8}$$

式 (1.8) 表明，力系的合力在某一直角坐标轴上的投影等于力系中各分力在同一轴上投影的代数和，此即为合力投影定理。

合力的大小和方向为

$$\left.\begin{array}{l} F_R = \sqrt{(F_{Rx})^2 + (F_{Ry})^2} = \sqrt{\left(\sum F_x\right)^2 + \left(\sum F_y\right)^2} \\ \tan\alpha = \left|\dfrac{\sum F_y}{\sum F_x}\right| \end{array}\right\} \tag{1.9}$$

式中，α 表示力 $\boldsymbol{F}_R$ 与 x 轴所夹的锐角，$\boldsymbol{F}_R$ 的指向由 $\sum F_x$ 和 $\sum F_y$ 的正负来确定。

推论 2　三力平衡汇交定理

刚体受三个共面但互不平行的力作用而平衡时，此三力必汇交于一点。

此定理说明了不平行的三力平衡的必要条件，而且当两个力的作用线相交时，可用来确定第三个力的作用线方位。

证明　刚体上 A、B、C 三点分别作用着使该刚体平衡的三个力 $\boldsymbol{F}_1$、$\boldsymbol{F}_2$、$\boldsymbol{F}_3$，它们的作用线都在一个平面内但不平行，$\boldsymbol{F}_1$、$\boldsymbol{F}_2$ 的作用线交于 O 点。根据力的可传性推论，将这两个力分别移至 O 点，则这两个力的合力 $\boldsymbol{F}_R$ 必定在此平面内且通过 O 点，而 $\boldsymbol{F}_R$ 必和 $\boldsymbol{F}_3$ 平衡，由二力平衡的条件可知，$\boldsymbol{F}_3$ 与 $\boldsymbol{F}_R$ 必共线，所以 $\boldsymbol{F}_3$ 的作用线亦必过 $\boldsymbol{F}_1$、$\boldsymbol{F}_2$ 的交点 O，即三个力的作用线汇交于一点，如图 1.7 所示。

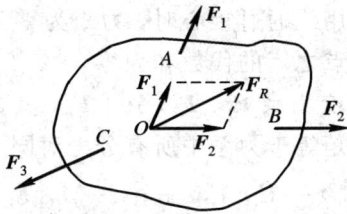

图　1.7

性质四　作用与反作用定律

两物体间的作用力与反作用力总是大小相等，方向相反，沿同一条直线，分别作用在这两个物体上。

此定律概括了自然界中物体间的相互作用关系，表明一切力总是成对出现的，揭示了力的存在形式和力在物体间的传递方式。

特别要注意的是，必须把作用与反作用定律、二力平衡公理严格地区分开来。作用与反作用定律表明两个物体相互作用的力学性质，而二力平衡公理则说明一个刚体在两个力的作用下处于平衡时两力满足的条件。

1.2　力　矩　与　力　偶

1.2.1　力矩

人们从生产实践活动中得知，力不仅能够使物体沿某方向移动，还能够使物体绕某点转动。例如，人用扳手拧紧螺母时，施于扳手的力 F 使扳手与螺母一起绕转动中心 O 转动。由经验可知，转动效应的大小不仅与 F 的大小和方向有关，而且与转动中心点 O 到 F 作用线的垂直距离有关。因此，在 F 作用线和转动中心点 O 所在的同一平面内（如图 1.8 所示），我们将点 O 称为矩心，将点 O 到 F 作用线的垂直距离 d 称为力臂，力使物体绕转动中心的转动效应，就用力 F 的大小与力臂 d 的乘积并冠以适当的正负号来度量，该量称为力对 O 点之矩，简称力矩，记为 $M_O(F)$，即

$$M_O(F) = \pm Fd \tag{1.10}$$

平面内的力矩是一个代数量，其正负号规定为：若力使物体绕矩心逆时针方向转动，则力矩为正；反之，力矩为负。力矩的常用单位为 N・m 或 kN・m。

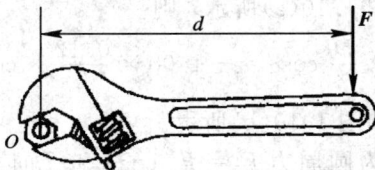

图　1.8

由力矩的定义可知，力矩有以下性质：

(1) 力矩的大小不仅取决于力的大小，还与矩心的位置有关。

(2) 力对任意点之矩的大小，不因该力的作用点沿其作用线移动而改变。

（3）力的大小为零或力的作用线通过矩心时，力矩为零。

（4）互成平衡的二力对同一点之矩的代数和为零。

设物体上作用有一个平面汇交力系 F_1，F_2，$\cdots$，F_n，其合力为 F_R。由于合力与力系等效，因此合力对平面内任意点之矩等于力系中所有分力对同一点之矩的代数和，即

$$M_O(F_R) = M_O(F_1) + M_O(F_2) + \cdots + M_O(F_n) = \sum M_O(F) \tag{1.11}$$

这就是合力矩定理。

对于有合力的其他力系，合力矩定理同样成立。

当力矩的力臂不易求出时，常将力正交分解为两个易确定力臂的分力，然后应用合力矩定理计算力矩。

【例 1.1】 如图 1.9 所示，力 $F = 150$ N，作用在锤柄上，柄长 $l = 320$ mm，试求图 (a)、(b) 所示的两种情况下力 F 对支点 O 的力矩。

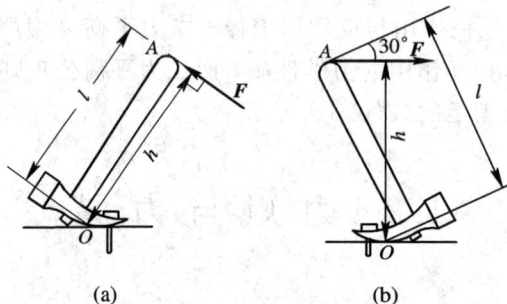

图 1.9

解 在图 (a) 所示的情况下，支点 O 到力 F 作用线的垂直距离 $h = l$，力 F 使锤柄绕 O 点逆时针转动，则力 F 对 O 点的力矩为

$$M_O(F) = Fh = 150 \times 320 = 48\ 000 \text{ N} \cdot \text{mm} = 48 \text{ N} \cdot \text{m}$$

在图 (b) 所示的情况下，支点 O 到力 F 作用线的垂直距离 $h = l \cos 30°$，力 F 使锤柄绕 O 点顺时针转动，则力 F 对 O 点的力矩为

$$M_O(F) = -Fh = -150 \times 320 \times \cos 30° = -41\ 569 \text{ N} \cdot \text{mm} = -41.569 \text{ N} \cdot \text{m}$$

【例 1.2】 一齿轮受到与它相啮合的另一齿轮的法向压力 $F_n = 1400$ N 的作用，如图 1.10 所示，已知压力角（作用在啮合点的力与啮合点的绝对速度之间所夹的锐角）$\alpha = 20°$，节圆直径 $D = 0.12$ m，求法向压力 F_n 对齿轮轴心 O 之矩。

解 用两种方法计算。

（1）用力矩定义求解，如图 1.10(a) 所示，则

$$M_O(F_n) = -F_n r_0 = -F_n \frac{D}{2} \cos\alpha = -1400 \times \frac{0.12}{2} \times \cos 20° = -78.93 \text{ N} \cdot \text{m}$$

（2）用合力矩定理求解，如图 1.10(b) 所示。

将力 F_n 在啮合点处分解为圆周力 $F_t = F_n \cos\alpha$ 和径向力 $F_r = F_n \sin\alpha$，由合力矩定理，得

$$M_O(F_n) = M_O(F_t) + M_O(F_r) = -F_t \times \frac{D}{2} + 0$$

$$= -1400 \times \cos 20° \times \frac{0.12}{2} = -78.93 \text{ N} \cdot \text{m}$$

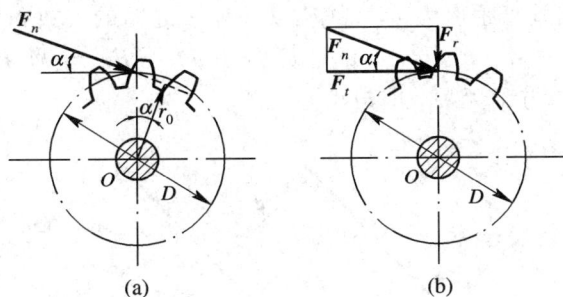

图　1.10

1.2.2　力偶

在日常生活和生产实践中，经常会遇到物体受大小相等、方向相反、作用线互相平行的两个力作用的情形。例如，人用手拧水龙头开关，如图 1.11(a)所示；司机用双手转动方向盘，如图 1.11(b)所示；钳工用丝锥攻螺纹，如图 1.11(c)所示。实践证明，这样的两个力($\boldsymbol{F}$，$\boldsymbol{F}'$)对物体只产生转动效应，而不产生移动效应。

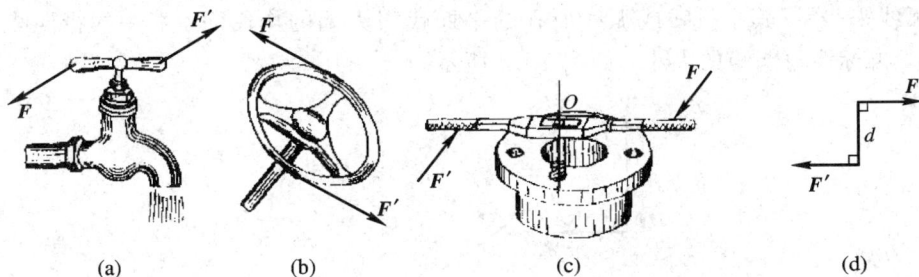

图　1.11

我们把这一对等值、反向、不共线的平行力组成的特殊力系称为力偶，用($\boldsymbol{F}$，$\boldsymbol{F}'$)表示。力偶两力作用线之间的垂直距离 d 称为力偶臂，如图 1.11(d)所示，力偶中的两力所在的平面称为力偶作用面，力偶使物体转动的方向称为力偶的转向。力偶对物体的转动效应，可用力偶中的力与力偶臂的乘积再冠以适当的正负号来确定，称为力偶矩，记为 $M(\boldsymbol{F}，\boldsymbol{F}')$ 或简写为 M，即

$$M(\boldsymbol{F}，\boldsymbol{F}') = M = \pm Fd \tag{1.12}$$

力偶矩与平面内的力矩一样，是一个代数量。式(1.12)中的正负号由力偶的转向决定。通常规定，力偶的转向为逆时针时取正，反之取负。力偶矩的单位是 N·m 或 kN·m。力偶矩的大小、力偶转向和力偶作用面称为力偶的三要素。凡三要素相同的力偶彼此等效。

根据力偶的定义，力偶具有以下性质。

性质一　力偶在任意轴上投影的代数和为零，故不能合成为一个力，也不能与一个力等效。力偶的这一性质说明力偶不能与一个力相互平衡，只能与一个力偶相互平衡。可见，力与力偶是静力学的两个基本要素。

性质二　力偶对其作用面内任意点之矩恒等于其力偶矩，而与矩心的位置无关。如图 1.12 所示，已知力偶($\boldsymbol{F}$，$\boldsymbol{F}'$)的力偶矩 $M(\boldsymbol{F}，\boldsymbol{F}') = Fd$，在力偶作用平面内任取一点 O 为

— 7 —

矩心，设 O 点到力 $\boldsymbol{F}$ 的垂直距离为 x，则($\boldsymbol{F}$，$\boldsymbol{F}'$)对 O 之矩的代数和为

$$M_O(\boldsymbol{F}) + M_O(\boldsymbol{F}') = -Fx + F'(x+d) = Fd = M(\boldsymbol{F}, \boldsymbol{F}') \tag{1.13}$$

显然，力偶矩 $M(\boldsymbol{F}, \boldsymbol{F}')$ 与 x 无关，即与矩心无关。

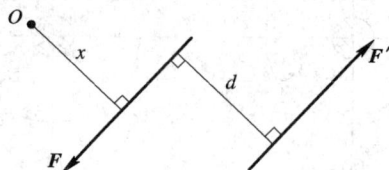

图 1.12

性质三 只要保持力偶的转向和力偶矩的大小不变，力偶可以在其作用面内任意转动和移动，而不改变它对刚体的作用效应。这一性质说明力偶对物体的作用与力偶在作用面内的位置无关。

性质四 只要保持力偶矩的大小和力偶的转向不变，就可以同时改变力偶中力的大小和力偶臂的长短，而不会改变力偶对刚体的作用效应。这一性质说明力偶中的力或力偶臂都不是力偶的特征量，只有力偶矩才是力偶作用的度量参数。因此，力偶常用一带箭头的折线或弧线来表示(其中折线或弧线所在的平面代表力偶的作用面，箭头的指向表示力偶的转向)，再标注力偶矩的大小，如图 1.13 所示。

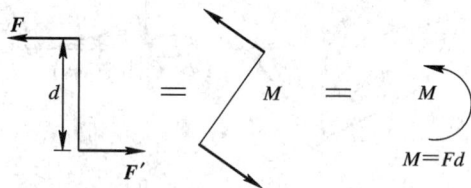

图 1.13

作用在同一平面内的一群力偶称为平面力偶系。由上面的力偶性质可知，力偶对刚体只产生转动效应，且转动效应的大小完全取决于力偶矩的大小和力偶的转向，那么，平面力偶系可以简化，简化所得到的结果称为平面力偶系的合力偶。可以证明，合力偶矩的大小等于各个分力偶矩的代数和，即

$$M_合 = M_1 + M_2 + \cdots + M_n = \sum M \tag{1.14}$$

1.3　约束与约束反力

凡是可以在空间任意运动的物体称为自由体，如空中飞行的飞机、热气球、炮弹等。凡是受到周围物体的限制，不能在某些方向上运动的物体，称为非自由体。例如，挂在绳子上的灯、放在桌面上的书、在钢轨上运行的列车等，绳子、桌面、钢轨分别限制了灯、书、列车的运动自由度，使它们不能发生某些方向的位移。

当一个物体的运动受到周围物体的限制时，这种限制称为约束。约束限制了物体本来可能发生的某种运动，因此约束物体有力作用于被约束物体上，这种力称为约束反作用力，简称约束反力或约束力。约束反力总是作用在约束物体与被约束物体的接触处，其方

向与该约束所能限制的运动方向相反。

促使物体产生运动或运动趋势的力，称为主动力，例如重力、电磁力、推力等。物体所受的主动力一般是已知的，而约束反力是由主动力的作用引起的，它是未知的。因此，对约束反力的分析就成为十分重要的问题了。

下面介绍几种工程实际中常遇到的典型约束类型及其约束反力的确定方法。

1.3.1　柔索约束

由绳索、链条、胶带等柔性物体所构成的约束称为柔索约束。柔索约束只能限制物体沿柔索伸长的方向运动，而不能限制其他方向的运动，所以柔索约束反力的方向总是沿柔索中心线且背离被约束物体，即为拉力，通常用符号 F_T 表示，如图 1.14 所示。

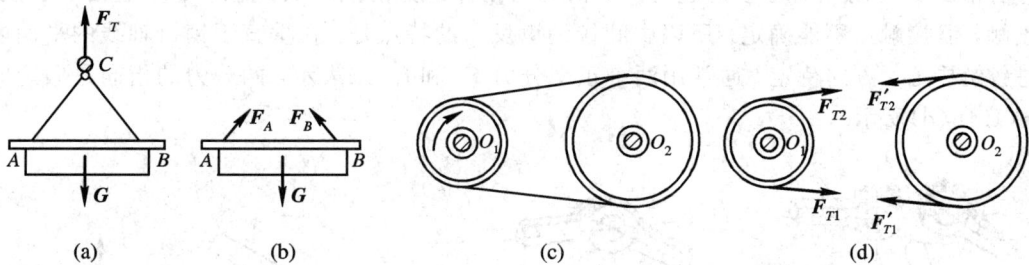

图　　1.14

1.3.2　光滑接触面约束

当两物体接触面之间的摩擦很小，可以忽略不计时，构成光滑接触面约束。光滑接触面对被约束物体在过接触点处的公切面内任意方向的运动不加限制，同时也不限制物体沿接触面处的公法线脱离接触面，但阻碍物体沿该公法线方向进入约束内部，因此，光滑接触面约束的约束反力必沿接触面处的公法线指向被约束物体，即为压力，用符号 F_N 表示，如图 1.15 所示。

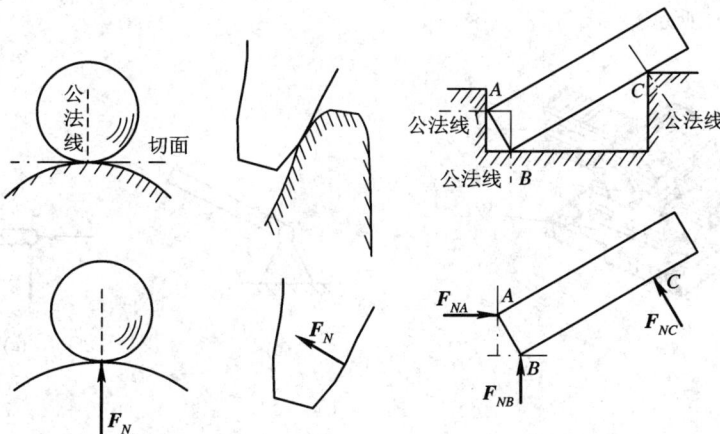

图　　1.15

1.3.3 光滑圆柱铰链约束

光滑圆柱铰链由两个带有圆孔的构件用光滑圆柱销钉连接而成。如果销钉和圆孔是光滑的，那么销钉只限制两构件在垂直于销钉轴线的平面内相对移动，而不限制两构件绕销钉轴线的相对转动。这样的约束称为光滑圆柱铰链约束。这种约束在工程实际中有以下几种应用形式。

1. 中间铰约束

如图1.16(a)、(b)所示，用圆柱销钉穿入两个带有圆孔的构件1和2的圆孔中，即构成中间铰，通常用简图1.16(c)表示。中间铰所连接的两构件互为其中一个的约束。当两个构件有沿销钉径向相对移动的趋势时，销钉与构件以光滑圆柱面接触，本质上相当于光滑面接触，但接触点不能确定，所以中间铰约束反力的特点是：在垂直于销钉轴线的平面内，通过铰链中心，方向待定，通常用两个正交分力 F_x 和 F_y 来表示，两分力的指向是假定的，如图1.16(d)所示。

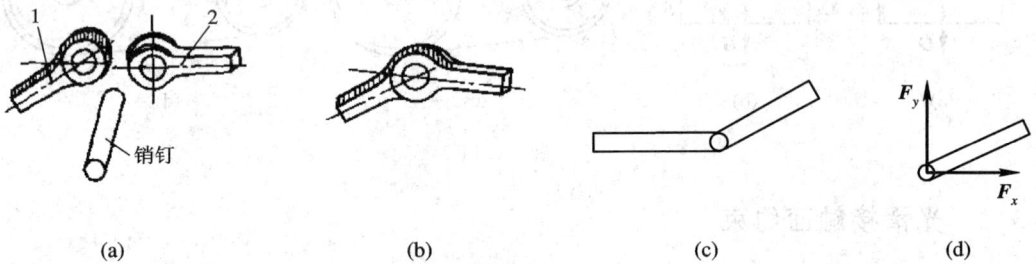

图 1.16

2. 固定铰链支座约束

若构成圆柱铰链约束的一个构件固定在地面或机架上作为支座，则称此约束为固定铰链支座约束，如图1.17(a)所示，通常用简图1.17(b)表示，其约束反力的特点与中间铰相同，如图1.17(c)所示。

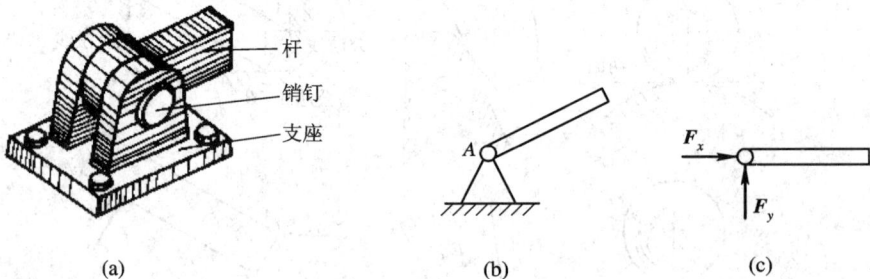

图 1.17

3. 活动铰链支座约束

在固定铰链支座的底部装有几个可滚动的辊轴，并与光滑支承面相接触，这样即构成活动铰链支座，如图 1.18(a)所示，通常用简图 1.18(b)、(c)、(d)表示。这种约束只限制所支承的物体沿垂直于支承面方向的移动，而不限制物体沿支承面方向的移动和绕铰链销钉的转动。因此，其约束反力过铰链中心，垂直于光滑支承面，指向待定，用符号 F_N 表示，如图 1.18(e)所示。

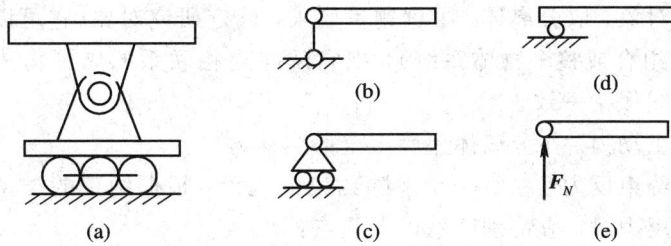

图　1.18

1.3.4　固定端约束

固定端约束又称为插入端约束，是工程实际中常见的一种约束类型，如插入墙体的外伸凉台、固定在车床刀架上的车刀、立于路边的电线杆等，如图 1.19(a)、(b)、(c)所示。它们有一个共同的特点：构件一端被固定，既不允许构件任意移动，也不允许构件随意转动，这种约束就是固定端约束。平面问题中，固定端约束通常用图 1.19(d)、(e)所示的简图表示，其约束反力在外力作用面内可用简化了的两个正交分力 F_x、F_y 和力偶矩 M 来表示，如图1.19(f)所示。

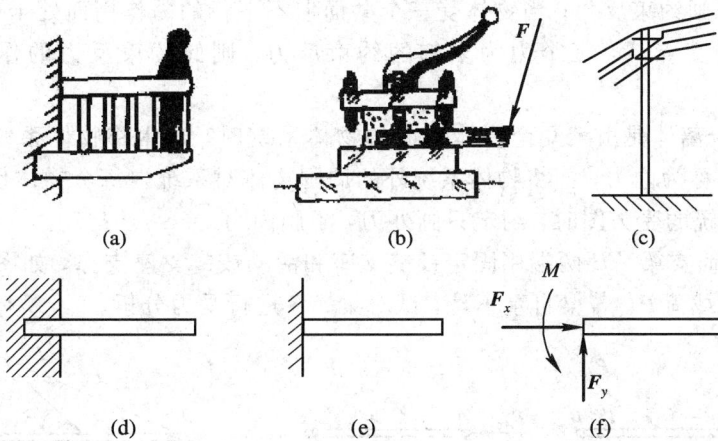

图　1.19

1.4　物体的受力图

在求解静力学平衡问题时，首先必须明确研究对象，然后分析其受力情况，再用相应的平衡条件进行计算。工程实际中的结构往往非常复杂，为了比较清晰地表达出每个物体的受力情况，就必须把它从与它有联系的周围物体中分离出来，即解除其所受的约束而代之以相应的约束反力，这一过程称为解除约束。被解除约束的物体称为分离体。在分离体上画出所受的全部主动力和全部约束反力，即为物体的受力图。画受力图的步骤一般如下：

（1）明确研究对象，取分离体。根据题目要求，确定研究对象（它可以是一个物体，也可以是几个物体的组合或整个物体系统），把它从与之相联系的周围物体中分离出来，单独画出，切记与原图保持一致。

（2）画出全部主动力。在分离体上画出全部主动力。

（3）画出全部约束反力。在每一个解除约束的位置，根据约束的类型，画出相应的约束反力。在画约束反力时，应特别注意以下几点：

① 将每一种约束按照它们的特点归入典型约束类型，如 1.3 节介绍的柔索约束、光滑接触面约束、光滑圆柱铰链约束（中间铰、固定铰链支座、活动铰链支座）和固定端约束，再根据典型约束的约束反力的表示方法画出约束反力。

② 在画每一个约束反力时，一定要明确是哪个物体施加的，不要多画力、少画力或随意移动力。

③ 要熟练使用规定的字母和符号，标记各个约束反力，对作用力和反作用力一般用相同的字母，反作用力加一个上标"′"，如 F_{AB} 与 F'_{AB} 互为作用力与反作用力。

④ 在画相邻两物体间作用力与反作用力的方向时，若其中一个力的方向已经明确或假定，则另一个力的方向应随之而定。

⑤ 运用二力平衡条件或三力平衡汇交定理确定某些约束反力。凡是二力构件，必须按二力平衡条件来画约束反力；当物体受三个共面但不平行的力作用而处于平衡时，已知其中两力作用线的交点，第三个力为未知的约束反力，则此约束反力的作用线必通过此交点。

⑥ 当所取分离体是由某几个物体组成的物体系统时，通常将物体系统内部各物体之间的相互作用力称为内力，而将物体系统外的周围物体对系统内每个物体作用的力称为外力。在画物体系统的受力图时，约定只画外力，不画内力。

【例1.3】 简支梁 AB 两端用固定铰链支座和活动铰链支座支撑，如图 1.20(a)所示，C 处作用一集中载荷 P。若梁自重不计，试对梁 AB 进行受力分析。

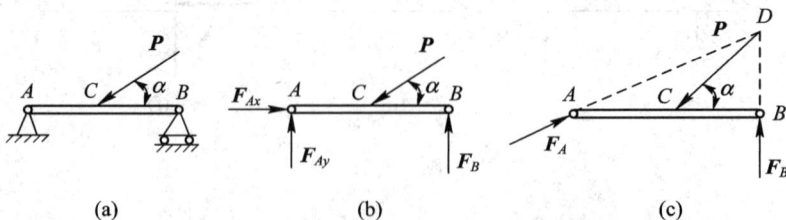

图 1.20

解 （1）选取梁 AB 为研究对象，画出其分离体图。

（2）画出主动力。在梁的 C 点处画主动力 P。

（3）画出约束反力。

A 处为固定铰链支座约束，约束反力为通过 A 点的两个正交分力 F_{Ax}、F_{Ay}；B 端为活动铰链支座，只有一个垂直于支撑面的约束反力 F_B，如图 1.20(b)所示。

另外，梁 AB 的受力图可以根据三力平衡汇交定理画出，力 P 和 F_B 相交于 D 点，则 A 点的约束反力 F_A(A 点的合力)也交于 D 点，由此确定约束反力 F_A 的方向为沿 A、D 两点的连线，如图 1.20(c)所示。

【例 1.4】 梁 AB 的 A 端为固定端，B 端为活动铰链支座，梁上 C、D 处分别受到力 F 与力偶 M 的作用，如图 1.21(a)所示，梁的自重不计，试画出梁 AB 的受力图。

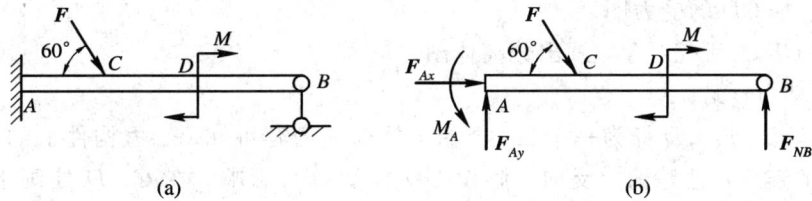

(a)   (b)

图　1.21

解　(1) 选取梁 AB 为研究对象，画出其分离体图。

(2) 画主动力。画出作用在 C 点的力 F 和 D 处的力偶 M。

(3) 画约束反力。梁 AB 在 A 处受到固定端约束，在 B 处受到活动铰链支座约束。在解除约束的 A 处，约束反力可用两个正交力 F_{Ax}、F_{Ay} 和力偶 M_A 来表示，指向和转向是假定的。在解除约束的 B 处，约束反力为垂直于支承面的 F_{NB}，指向是假定的。梁 AB 的受力图如图 1.21(b)所示。

【例 1.5】 图 1.22(a)所示的结构由杆 AC、CD 与滑轮 B 铰接而成。物体重为 G，用绳子挂在滑轮上。如杆、滑轮及绳子的自重不计，并忽略各处的摩擦，试分别画出滑轮 B、杆 AC、杆 CD 及整个系统的受力图。

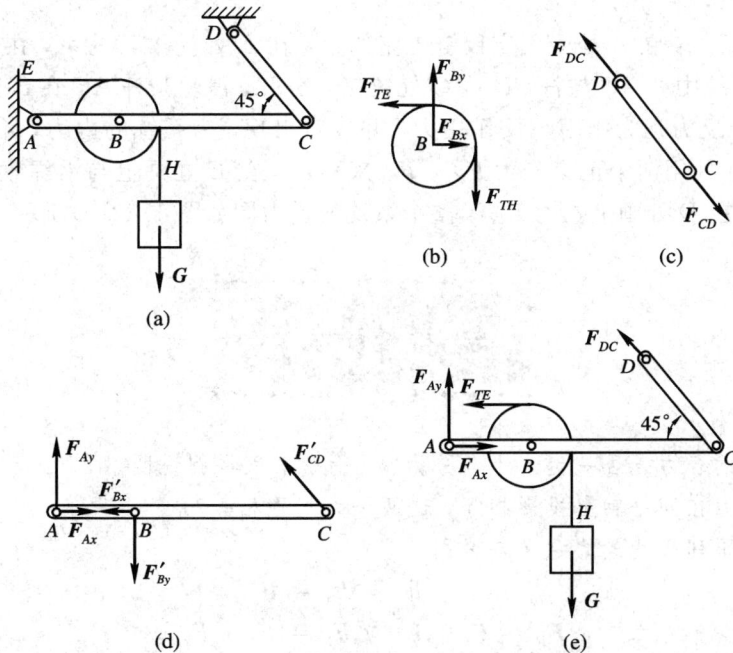

(b)   (c)

(a)

(d)   (e)

图　1.22

— 13 —

解 （1）画出滑轮的受力图。

① 取滑轮为研究对象，画出分离体图。

② 画主动力：无。

③ 画约束反力：在 B 处受中间铰链支座约束，在 E 处受柔索约束，在 H 处受柔索约束。在解除约束的 B 处，可用两个正交分力 F_{Bx}、F_{By} 来表示，在 E 处画上沿绳索中心线背离滑轮的拉力 F_{TE}，在 H 处画上沿绳索中心线背离滑轮的拉力 F_{TH}。滑轮受力图如图 1.22(b) 所示。

（2）画出杆 CD 的受力图。

① 取杆 CD 为研究对象，画出分离体图。

② 画主动力：无。

③ 画约束反力：CD 杆为一个二力构件，据前面内容可知，二力构件上的两个力必沿两力作用点的连线，且等值、反向。假设 CD 杆受拉力影响，在 C、D 处画上拉力 F_{CD}、F_{DC}，且 $F_{CD} = -F_{DC}$，杆 CD 的受力图如图 1.22(c) 所示。

（3）画出杆 AC 的受力图。

① 取杆 AC 为研究对象，画出分离体图。

② 画主动力：无。

③ 画约束反力：杆 AC 在 A 处受固定铰链支座约束，在 B、C 处受中间铰约束。在解除约束的 A 处可用两个正交分力 F_{Ax}、F_{Ay} 来表示；在 B 处画上 F'_{Bx}、F'_{By}，它们分别与 F_{Bx}、F_{By} 互为作用力与反作用力；在 C 处画上 F'_{CD}，它与 F_{CD} 互为作用力与反作用力。杆 AC 的受力图如图 1.22(d) 所示。

（4）画出整个系统的受力图。

① 取整个系统为研究对象，画出分离体图。

② 画主动力：重力 G。

③ 画约束反力：在 A 处受固定铰链支座约束，在 E 处受柔索约束，在 D 处受固定铰链支座约束。系统中杆 AC 与杆 CD 在 C 处铰接不分开，滑轮与杆 AC 在 B 处铰接不分开，故这两处的约束反力互为作用与反作用力，并成对出现，为系统的内力，不必画出。只需在解除约束的 A 处用两个正交分力 F_{Ax}、F_{Ay} 来表示，在 E 处画上与沿绳索中心线背离滑轮的拉力 F_{TE}，在 D 处画上拉力 F_{DC}。整个系统的受力图如图 1.22(e) 所示。

思 考 与 练 习

1.1 力系的合力是否一定大于各分力？为什么？试举例说明。

1.2 两个力在同一轴上投影相等，这两个力是否相等？

1.3 指出下列表达式的意义与区别：

$$F_1 = F_2 \quad 与 \quad \boldsymbol{F}_1 = \boldsymbol{F}_2$$

$$\boldsymbol{F}_R = \boldsymbol{F}_1 + \boldsymbol{F}_2 \quad 与 \quad F_R = F_1 + F_2$$

1.4 能否将练习 1.4 图所示的作用在杆 AC 上 D 点的力 $\boldsymbol{F}$ 沿其作用线移动，变成作用于杆 BC 上 E 点的力 $\boldsymbol{F}'$？为什么？

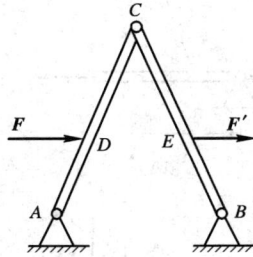

练习 1.4 图

1.5　练习 1.5 图为均质轮在力偶 M 和力 F 的作用下处于平衡状态，能否说力偶可以用力来平衡？为什么？

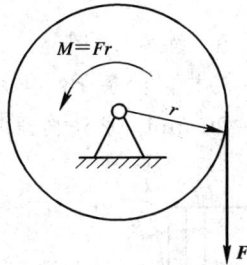

练习 1.5 图

1.6　什么是二力杆？为什么在进行受力分析时要尽可能地找出结构中的二力杆？

1.7　已知 $F_1=2000$ N，$F_2=1500$ N，$F_3=2500$ N，$F_4=3000$ N，各力的方向如练习 1.7 图所示，试写出四个力的矢量表达式。

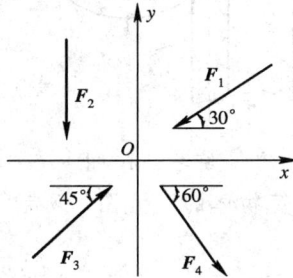

练习 1.7 图

1.8　练习 1.8 图为三力共拉一碾子，已知 $F_1=400$ N，$F_2=400$ N，$F_3=180$ N，试求此力系的合力和方向。

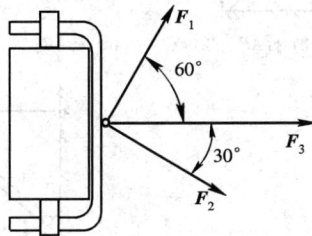

练习 1.8 图

1.9　试计算练习 1.9 图中力 F 对 O 点的力矩。

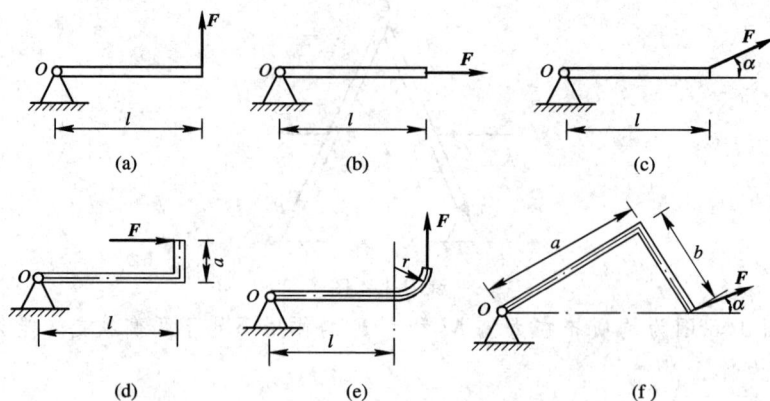

练习 1.9 图

1.10　练习 1.10 图为齿轮齿条机构，齿条 BC 作用于齿轮上的法向压力 $F_n = 3$ kN，压力角 $\alpha = 20°$，齿轮的节圆直径 $D = 90$ mm。求法向压力 F_n 对轮心 O 点的力矩。

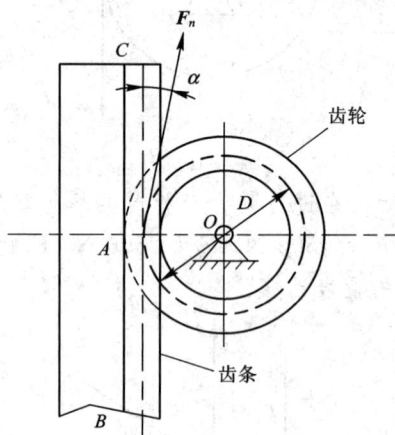

练习 1.10 图

1.11　画出练习 1.11 图中指定物体的受力图。假定所有接触面都是光滑的，图中凡未标出自重的物体，自重不计。

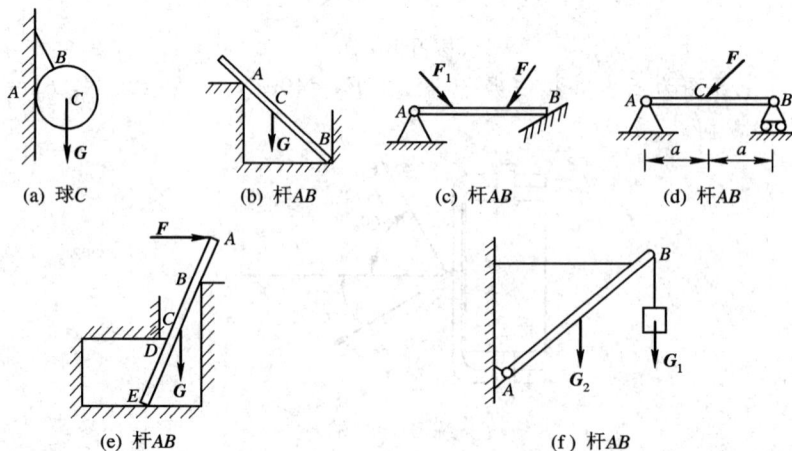

(a) 球 C　　(b) 杆 AB　　(c) 杆 AB　　(d) 杆 AB

(e) 杆 AB　　　　(f) 杆 AB

练习 1.11 图

1.12 画出练习 1.12 图各物系中指定物体的受力图。假定所有接触面都是光滑的，图中凡未标出自重的物体，自重不计。

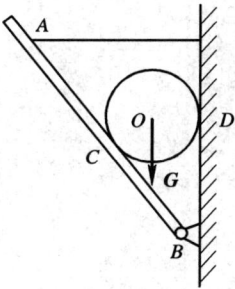

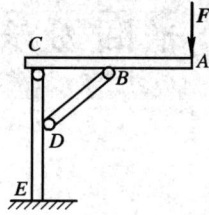

(a) 杆 AB，轮 O，整体   (b) 杆 BD，杆 AC，杆 CE，整体   (c) 杆 AC，杆 BC，整体

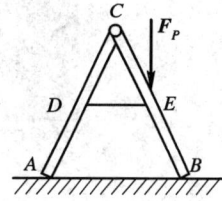

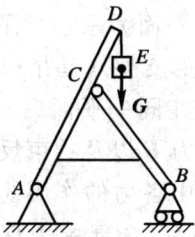

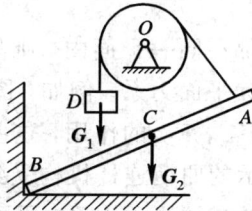

(d) 杆 AD，杆 BC，整体   (e) 物体 D，轮 O，杆 AB (f) 杆 AC，杆 CB，整体

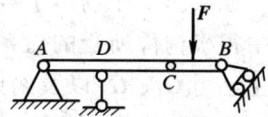

练习 1.12 图

第 2 章 平面力系的平衡

2.1 平面力系概述

如果作用于物体上各力的作用线都在同一平面内，则称这种力系为平面力系。工程实际中很多构件所受的力系都可以看成为平面力系。例如，图 2.1(a)所示的支架式起吊机受到主动力 G_1、G_2 以及约束反力 F_{Bx}、F_{By}、F_{NA} 的作用，这些力的作用线在同一平面内，组成一个平面力系。又如，图 2.1(b)所示的曲柄连杆机构受到转矩 M、阻力 F 以及约束反力 F_{Ax}、F_{Ay}、F_N 的作用，显然这些力也构成了平面力系。平面力系根据其中各力的作用线分布不同又可分为平面汇交系(各力的作用线汇交于一点)、平面力偶系(全部由力偶组成)、平面平行力系(各力的作用线互相平行)和平面任意力系(各力的作用线在平面内任意分布)。

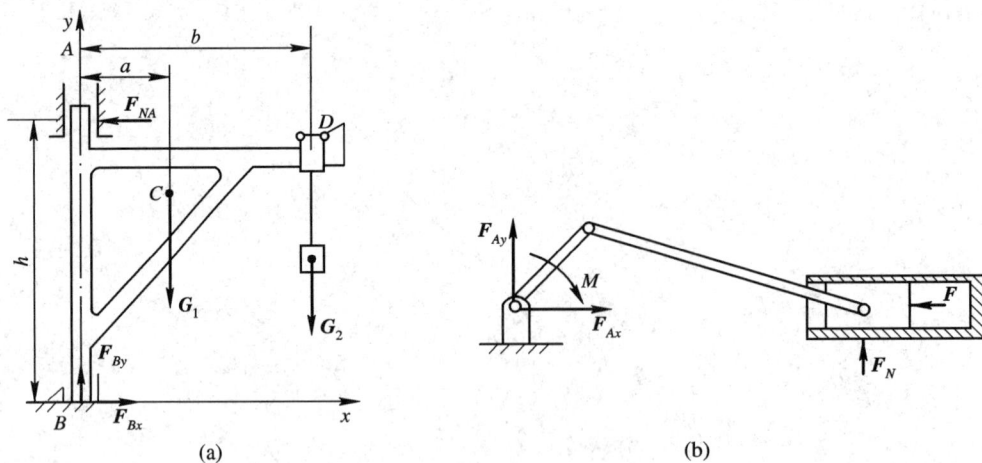

(a)

(b)

图 2.1

2.1.1 力的平移定理

设在刚体上 A 点有一个力 F，现要将它平行移动到刚体内的任意指定点 B，而不改变它对刚体的作用效应。为此，可在 B 点加上一对平衡力 F'、F''，如图 2.2 所示，并使它们的作用线与力 F 的作用线平行，且 $F=F'=F''$。根据加减平衡力系公理，三个力与原力 F 对刚体的作用效应相同。力 F、F'' 组成一个力偶 M，其力偶矩的大小等于原力 F 对 B 点之

矩，即

$$M = M_B(\boldsymbol{F}) = Fd \tag{2.1}$$

这样就把作用在 A 点的力平行移动到了任意点 B，但必须同时在该力与指定点 B 所决定的平面内加上一个相应的力偶 M，通常将其称为附加力偶。由此可得力的平移定理：作用于刚体上的力可以平行移动到刚体上的任意指定点，但必须同时在该力与指定点所决定的平面内附加一力偶，其力偶矩的大小等于原力对指定点之矩。

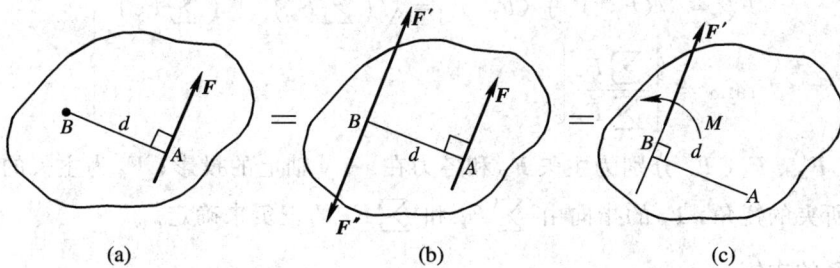

图 2.2

根据力的平移定理，可以将一个力分解为一个力和一个力偶，也可以将同一平面内的一个力和一个力偶合成为一个力。力的平移定理揭示了力与力偶在对物体作用效应之间的区别和联系：一个力不能与一个力偶等效，但一个力可以与另一个同它平行的力和一个力偶的联合作用等效。

2.1.2 平面任意力系向一点简化

设在刚体上作用有一平面任意力系 $\boldsymbol{F}_1$，$\boldsymbol{F}_2$，$\cdots$，$\boldsymbol{F}_n$，各力的作用点分别为 A_1，A_2，$\cdots$，A_n，如图 2.3(a)所示，在平面内任选一点 O，称为简化中心，利用力的平移定理，将力系中的各力分别平移到 O 点，得到一个作用于 O 点的平面汇交力系 $\boldsymbol{F}_1'$，$\boldsymbol{F}_2'$，$\cdots$，$\boldsymbol{F}_n'$ 和一个附加的平面力偶系 $M_1 = M_O(\boldsymbol{F}_1)$，$M_2 = M_O(\boldsymbol{F}_2)$，$\cdots$，$M_n = M_O(\boldsymbol{F}_n)$，如图 2.3(b)所示。根据式(1.7)，平面汇交力系 $\boldsymbol{F}_1'$，$\boldsymbol{F}_2'$，$\cdots$，$\boldsymbol{F}_n'$ 可以合成为一个力 $\boldsymbol{F}_R'$，根据式(1.14)，平面力偶系 $M_1 = M_O(\boldsymbol{F}_1)$，$M_2 = M_O(\boldsymbol{F}_2)$，$\cdots$，$M_n = M_O(\boldsymbol{F}_n)$ 可以合成为一力偶 M_O，如图 2.3(c)所示。

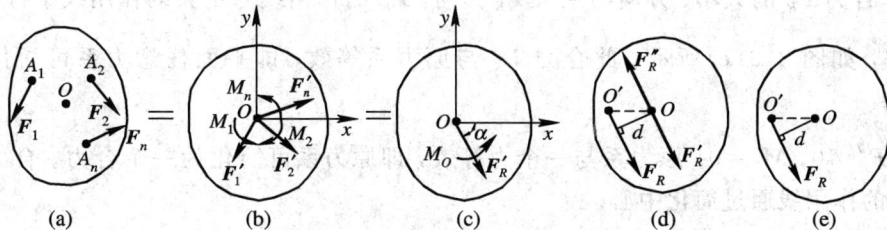

图 2.3

1. 力系的主矢

平移力 $\boldsymbol{F}_1'$，$\boldsymbol{F}_2'$，$\cdots$，$\boldsymbol{F}_n'$ 组成的平面汇交力系的合力 $\boldsymbol{F}_R'$，称为原平面任意力系的主矢。$\boldsymbol{F}_R'$ 的作用点在简化中心 O 点，大小等于各分力的矢量和，即

$$F_R' = F_1' + F_2' + \cdots + F_n' = \sum F' = \sum F \qquad (2.2)$$

在平面直角坐标系中，则有

$$\left.\begin{aligned} F_{Rx}' = \sum F_x \\ F_{Ry}' = \sum F_y \end{aligned}\right\} \qquad (2.3)$$

$$\left.\begin{aligned} F_R' = \sqrt{(F_{Rx}')^2 + (F_{Ry}')^2} = \sqrt{\left(\sum F_x\right)^2 + \left(\sum F_y\right)^2} \\ \tan\alpha = \left|\frac{\sum F_y}{\sum F_x}\right| \end{aligned}\right\} \qquad (2.4)$$

式中，F_{Rx}'、F_{Ry}'、F_x、F_y 分别为主矢 F_R' 和各力在 x、y 轴上的投影；F_R' 为主矢的大小；α 为 F_R' 与 x 轴所夹的锐角，F_R' 的指向由 $\sum F_x$ 和 $\sum F_y$ 的正负来确定。

2. 力系的主矩

附加的平面力偶系 $M_1 = M_O(F_1)$，$M_2 = M_O(F_2)$，$\cdots$，$M_n = M_O(F_n)$ 的合力偶矩的大小为 M_O，称为原平面任意力系对简化中心 O 点的主矩。M_O 等于力系中各力对简化中心 O 点之矩的代数和，即

$$M_O = M_1 + M_2 + \cdots + M_n = \sum M_O(F) = \sum M \qquad (2.5)$$

值得注意的是，选取不同的简化中心，主矢不会改变，因为主矢总是等于原力系中各力的矢量和。也就是说，主矢与简化中心的位置无关，而主矩等于原力系中各力对简化中心之矩的代数和。一般来说，主矩与简化中心有关，提到主矩时一定要指明是对哪一点的主矩。主矢与主矩的共同作用才与原力系等效。

2.1.3　简化结果的讨论

平面任意力系向一点简化，一般可得到一个主矢和一个主矩，但这不是简化的最终结果，因此，有必要对简化的结果进行以下几个方面的讨论。

(1) $F_R' \neq 0$，$M_O \neq 0$。根据力的平移定理的逆过程，可将主矢 F_R' 与主矩 M_O 简化为一个合力 F_R，合力 F_R 的大小、方向与主矢 F_R' 相同，F_R 的作用线与主矢的作用线平行，但相距 $d = \dfrac{|M_O|}{F_R'}$，如图 2.3(e)所示。此合力 F_R 与原力系等效，即平面任意力系可简化为一个合力。

(2) $F_R' \neq 0$，$M_O = 0$。原力系与一个力等效，即原力系可简化为一个合力。合力等于主矢，合力的作用线通过简化中心。

(3) $F_R' = 0$，$M_O \neq 0$。原力系与一个力偶等效，即原力系可简化为一个合力偶。合力偶矩等于主矩，此时，主矩与简化中心的位置无关。

(4) $F_R' = 0$，$M_O = 0$。原力系处于平衡状态，即原力系为一平衡力系。

【例 2.1】　如图 2.4(a)所示，正方形平面板的边长为 $4a$，在板上 A、O、B、C 处分别作用有力 F_1，F_2，F_3，F_4，其中 $F_1 = F$，$F_2 = 2\sqrt{2}F$，$F_3 = 2F$，$F_4 = 3F$。求作用在板上此力系的合力。

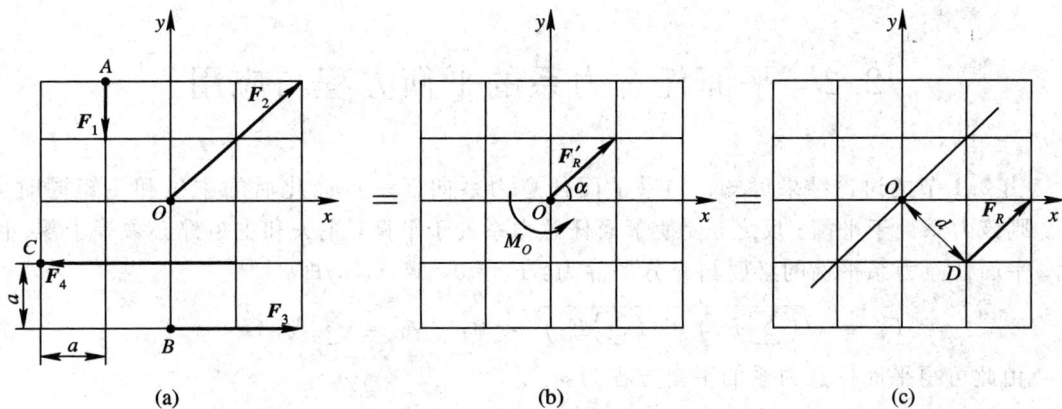

图　2.4

解　（1）选 O 点为简化中心，建立如图 2.4(a)所示的直角坐标系，求力系的主矢和主矩。

由式(2.2)～式(2.5)可得：

$$F'_{Rx} = \sum F_x = F_{1x} + F_{2x} + F_{3x} + F_{4x} = 0 + 2F + 2F - 3F = F$$

$$F'_{Ry} = \sum F_y = F_{1y} + F_{2y} + F_{3y} + F_{4y} = -F + 2F + 0 + 0 = F$$

主矢的大小为

$$F'_R = \sqrt{(F'_{Rx})^2 + (F'_{Ry})^2} = \sqrt{F^2 + F^2} = \sqrt{2}F$$

主矢的方向为

$$\tan\alpha = \left| \frac{\sum F_y}{\sum F_x} \right| = \frac{F}{F} = 1$$

$$\alpha = 45°$$

由于 $\sum F_x$ 和 $\sum F_y$ 都为正，因此主矢 F'_R 指向第一象限。

主矩的大小为

$$M_O = \sum M_O(\boldsymbol{F}) = M_O(\boldsymbol{F}_1) + M_O(\boldsymbol{F}_2) + M_O(\boldsymbol{F}_3) + M_O(\boldsymbol{F}_4)$$
$$= F_1 a + 0 + F_3 \times 2a - F_4 \times a$$
$$= Fa + 4Fa - 3Fa$$
$$= 2Fa$$

主矩的转向为逆时针方向。

力系向 O 点简化的结果如图 2.4(b)所示。

（2）由于 $\boldsymbol{F}'_R \neq 0$，$M_O \neq 0$，根据力的平移定理的逆过程，可将主矢 $\boldsymbol{F}'_R$ 与主矩 M_O 简化为一个合力 $\boldsymbol{F}_R$。合力 $\boldsymbol{F}_R$ 的大小、方向与主矢 $\boldsymbol{F}'_R$ 相同，$\boldsymbol{F}_R$ 的作用线与主矢的作用线平行，但相距

$$d = \frac{|M_O|}{F'_R} = \frac{2Fa}{\sqrt{2}F} = \sqrt{2}a$$

力系合力的作用线通过 D 点，如图 2.4(c)所示。

2.2　平面任意力系的平衡方程与应用

由 2.1 节的讨论结果可知，如果平面任意力系向任一点简化后的主矢和主矩同时为零，则该力系处于平衡。反之，要使平面任意力系处于平衡，主矢和主矩都必须等于零。因此，平面任意力系平衡的必要与充分条件为：$F_R'=0$，$M_O=0$，即

$$F_R' = \sqrt{\left(\sum F_x\right)^2 + \left(\sum F_y\right)^2} = 0, \quad M_O = \sum M_O(\boldsymbol{F}) = 0$$

由此可得平面任意力系的平衡方程为

$$\left.\begin{array}{l} \sum F_x = 0 \\[4pt] \sum F_y = 0 \\[4pt] \sum M_O(\boldsymbol{F}) = 0 \end{array}\right\} \tag{2.6}$$

式(2.6)是平面任意力系平衡方程的基本形式，也称为一力矩式方程。它说明平面任意力系平衡的解析条件是：力系中各力在平面内任选两个坐标轴上的投影的代数和分别为零，并且各力对平面内任意一点之矩的代数和也等于零。这三个方程是各自独立的三个平衡方程，只能求解三个未知量。

【**例 2.2**】　图 2.5(a)所示为简易起吊机的平面力系简图。已知横梁 AB 的自重 $G_1=4$ kN，起吊总量 $G_2=20$ kN，AB 的长度 $l=2$ m，斜拉杆 CD 的倾角 $\alpha=30°$，自重不计，当电葫芦距 A 端距离 $a=1.5$ m 时，处于平衡状态。试求拉杆 CD 的拉力和 A 端固定铰链支座的约束反力。

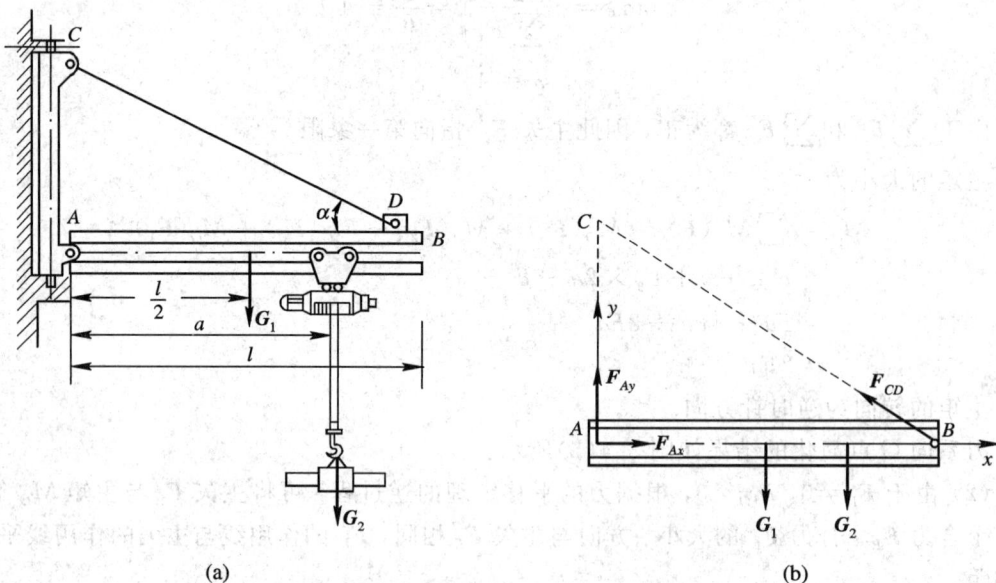

图　2.5

解　(1) 以横梁 AB 为研究对象，取分离体画受力图。

作用在横梁上的主动力：在横梁中点的自重 G_1、起吊重量 G_2。

作用在横梁上的约束反力：拉杆 CD 的拉力 $\boldsymbol{F}_{CD}$、铰链 A 点的约束反力 $\boldsymbol{F}_{Ax}$、$\boldsymbol{F}_{Ay}$，如图 2.5(b)所示。

（2）建立直角坐标系，列平衡方程。

$$\sum M_A(\boldsymbol{F}) = 0 \qquad F_{CD}l\,\sin\alpha - G_1\,\frac{l}{2} - G_2 a = 0 \qquad\qquad (a)$$

$$\sum F_x = 0 \qquad F_{Ax} - F_{CD}\,\cos\alpha = 0 \qquad\qquad (b)$$

$$\sum F_y = 0 \qquad F_{Ay} - G_1 - G_2 + F_{CD}\,\sin\alpha = 0 \qquad\qquad (c)$$

（3）求解未知量。

由式(a)得

$$F_{CD} = \frac{1}{l\,\sin\alpha}\left(G_1\,\frac{l}{2} + G_2 a\right) = 34 \text{ kN}$$

将 F_{CD} 代入式(b)得

$$F_{Ax} = F_{CD}\,\cos\alpha = 29.44 \text{ kN}$$

将 F_{CD} 代入式(c)得

$$F_{Ay} = G_1 + G_2 - F_{CD}\,\sin\alpha = 7 \text{ kN}$$

F_{CD}、F_{Ax}、F_{Ay} 都为正值，表示力的实际方向与假设方向相同；若为负值，则表示力的实际方向与假设方向相反。

（4）讨论。

本题若写出对 A、B 两点的力矩方程和对 x 轴的投影方程，则同样可求解，即由

$$\sum M_A(\boldsymbol{F}) = 0 \qquad F_{CD}l\,\sin\alpha - G_1\,\frac{l}{2} - G_2 a = 0$$

$$\sum M_B(\boldsymbol{F}) = 0 \qquad -F_{Ay}l + G_1\,\frac{l}{2} + G_2(l-a) = 0$$

$$\sum F_x = 0 \qquad F_{Ax} - F_{CD}\,\cos\alpha = 0$$

解得

$$F_{CD} = 34 \text{ kN}, \ F_{Ax} = 29.44 \text{ kN}, \ F_{Ay} = 7 \text{ kN}$$

若写出对 A、B、C 三点的力矩方程

$$\sum M_A(\boldsymbol{F}) = 0 \qquad F_{CD}l\,\sin\alpha - G_1\,\frac{l}{2} - G_2 a = 0$$

$$\sum M_B(\boldsymbol{F}) = 0 \qquad -F_{Ay}l + G_1\,\frac{l}{2} + G_2(l-a) = 0$$

$$\sum M_C(\boldsymbol{F}) = 0 \qquad F_{Ax}l\,\tan\alpha - G_1\,\frac{l}{2} - G_2 a = 0$$

则也可得出同样的结果。

由例 2.2 的讨论可知，平面任意力系的平衡方程除了式(2.6)所示的基本形式以外，还有二力矩形式和三力矩形式，其形式如下：

$$\left.\begin{array}{l} \sum F_x = 0 \ \left(\text{或} \sum F_y = 0\right) \\[2mm] \sum M_A(\boldsymbol{F}) = 0 \\[2mm] \sum M_B(\boldsymbol{F}) = 0 \end{array}\right\} \qquad\qquad (2.7)$$

其中，A、B 两点的连线不能与 x 轴（或 y 轴）垂直。

$$\left.\begin{array}{l} \sum M_A(\boldsymbol{F}) = 0 \\ \sum M_B(\boldsymbol{F}) = 0 \\ \sum M_C(\boldsymbol{F}) = 0 \end{array}\right\} \qquad (2.8)$$

其中，A、B、C 三点不能共线。

在应用二力矩形式或三力矩形式时，必须满足其限制条件，否则所列三个平衡方程将不都是独立的。

由例 2.2 可知，求解平面任意力系平衡问题的步骤如下：

（1）取研究对象，画受力图。根据问题的已知条件和未知量，选择合适的研究对象，取分离体，画出全部作用力（主动力和约束反力）。

（2）选取适当的坐标轴和矩心，列平衡方程。为了简化计算，通常尽可能使力系中多数未知力的作用线平行或垂直于坐标轴；尽可能把未知力的交点作为矩心，力求做到列一个平衡方程解一个未知数，以避免联立解方程。但是应注意，不管列出哪种形式的平衡方程，对于同一个平面力系来说，最多能列出三个独立的平衡方程，因而只能求解三个未知数。

（3）解平衡方程，校核结果。将已知条件代入方程求出未知数。但应注意由平衡方程求出的未知量的正、负号的含义，正号说明求出的力的实际方向与假设方向相同，负号说明求出的力的实际方向与假设方向相反，不要去改动受力图中原假设的方向。必要时可根据已得出的结果，代入再列出的任何一个平衡方程，检验其正误。

2.3　几种特殊平面力系的平衡问题

2.3.1　平面汇交力系的平衡

1. 平面汇交力系的平衡方程

由于平面汇交力系中各力的作用线汇交于一点，$\sum M_O(\boldsymbol{F}) = 0$ 自然满足，因此其平衡的必要且充分条件为：力系中各力在两个相互垂直的坐标轴上的投影的代数和分别为零，即

$$\left.\begin{array}{l} \sum F_x = 0 \\ \sum F_y = 0 \end{array}\right\} \qquad (2.9)$$

式（2.9）为平面汇交力系的平衡方程，只有两个独立的平衡方程，只能求出两个未知量。

2. 平面汇交力系的平衡方程的应用

【例 2.3】　如图 2.6(a)所示，圆球重 $G = 100$ N，放在倾角 $\alpha = 30°$ 的光滑斜面上，并用绳子 AB 系住，绳子 AB 与斜面平行。试求绳子 AB 的拉力和斜面对球的约束力。

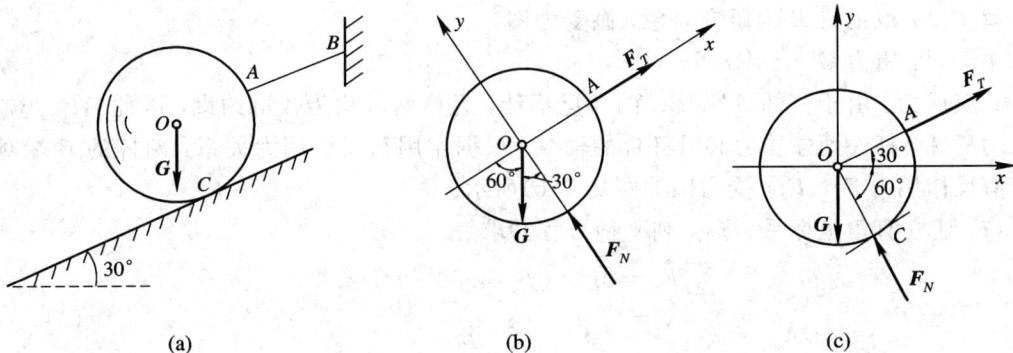

图 2.6

解 (1) 选圆球为研究对象,取分离体画受力图。

主动力:重力 G。

约束反力:绳子 AB 的拉力 F_T、斜面对球的约束力 F_N。

受力图如图 2.6(b)所示。

(2) 建立直角坐标系 Oxy,列平衡方程并求解。

$$\sum F_x = 0 \qquad F_T - G\sin 30° = 0$$

$$F_T = 50 \text{ N}(方向如图所示)$$

$$\sum F_y = 0 \qquad F_N - G\cos 30° = 0$$

$$F_N = 86.6 \text{ N}(方向如图所示)$$

(3) 若选取如图 2.6(c)所示的直角坐标系,列平衡方程得:

$$\sum F_x = 0 \qquad F_T\cos 30° - F_N\cos 60° = 0$$

$$\sum F_y = 0 \qquad F_T\sin 30° + F_N\sin 60° - G = 0$$

联立求解方程组得:

$$F_T = 50 \text{ N}(方向如图所示)$$

$$F_N = 86.6 \text{ N}(方向如图所示)$$

由此可见,建立直角坐标系时,坐标轴应尽量选在与未知力垂直的方向上,这样可以简化计算。

【例 2.4】 图 2.7(a)所示的三角支架由杆 AB、BC 组成,A、B、C 处均为光滑铰链,在销钉 B 上悬挂一重物,已知重物的重量 $G=10$ kN,杆件自重不计。试求杆件 AB、BC 所受的力。

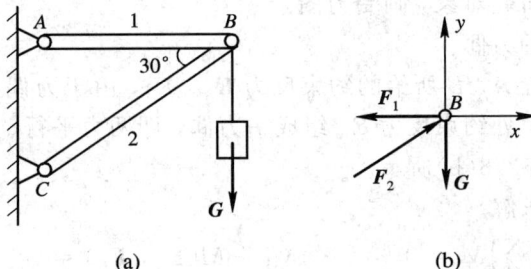

图 2.7

— 25 —

解 （1）取销钉 B 为研究对象，画受力图。

主动力：重力 G。

约束反力：由于杆件 AB、BC 的自重不计，且杆两端均为铰链约束，因此 AB、BC 均为二力杆件，杆件两端受力必沿杆件的轴线，根据作用与反作用力关系，两杆的 B 端对于销钉有反作用力 F_1、F_2，受力图如图 2.7(b)所示。

（2）建立直角坐标系 Bxy，列平衡方程并求解。

$$\sum F_y = 0 \qquad F_2 \sin30° - G = 0$$

$$F_2 = 20 \text{ kN}$$

$$\sum F_x = 0 \qquad F_2 \cos30° - F_1 = 0$$

$$F_1 = 17.32 \text{ kN}$$

根据作用力与反作用力定律，杆件 AB 所受的力为 17.32 kN，且为拉力；BC 所受的力为 20 kN，且为压力。

2.3.2　平面力偶系的平衡

根据式(1.14)，平面力偶系可简化为一个合力偶，故平面力偶系平衡的必要和充分条件为：力偶系中各力偶矩的代数和等于零，即

$$\sum M = 0 \qquad\qquad (2.10)$$

式(2.10)称为平面力偶系的平衡方程。一个力偶系平衡方程只能解一个未知数。

【例 2.5】　用多轴钻床在一水平放置的工件上加工四个直径相同的孔，钻孔时每个钻头的主切削力组成一力偶，各力偶矩的大小 $M_1 = M_2 = M_3 = M_4 = 15$ N·m，两个固定螺栓 A、B 之间的距离为 200 mm，如图 2.8 所示。试求加工时两个固定螺栓 A、B 所受的力。

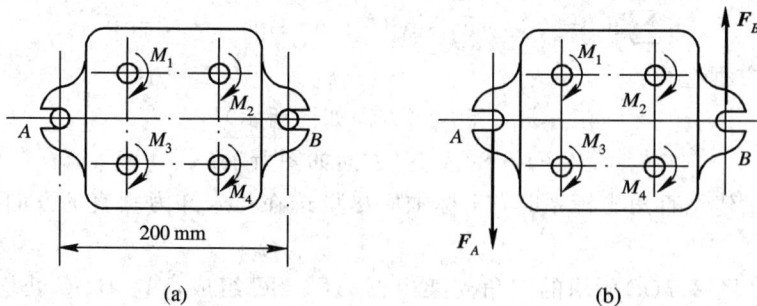

(a)　　　　　　　　　　　　(b)

图　2.8

解　（1）取工件为研究对象，画受力图。

主动力：四个已知的力偶。

约束反力：固定螺栓 A、B 所给的约束反力 F_A、F_B，由于力偶只能与力偶平衡，因此 B 处约束反力 F_B 必和 A 处约束反力 F_A 组成一力偶，即两力平行、等值、反向，力偶臂长为 200 mm，受力图如图 2.8(b)所示。

（2）列平衡方程并求解。

$$\sum M = 0 \qquad -4M_1 + M(\boldsymbol{F}_A, \boldsymbol{F}_B) = 0$$

$$F_A = F_B = 300 \text{ N（方向如图所示）}$$

根据作用与反作用定律，两个固定螺栓 A、B 所受的力分别为 $F_A = F_B = 300$ N，方向与图示方向相反。

2.3.3 平面平行力系的平衡

在平面平行力系中，若选择直角坐标轴的 y（或 x）轴与力系各力作用线平行，则每个力在 x（或 y）轴上的投影均为零，即 $\sum F_x \equiv 0$（或 $\sum F_y \equiv 0$），于是平行力系只有两个独立的平衡方程，即

$$\left. \begin{array}{c} \sum F_y \left(或 \sum F_x \right) = 0 \\ \sum M_O(\boldsymbol{F}) = 0 \end{array} \right\} \tag{2.11}$$

式 (2.11) 为平面平行力系的平衡方程，它表明平面平行力系平衡的必要和充分条件是：力系中各力在与力平行的坐标轴上的投影的代数和为零，各力对任意点之矩的代数和也为零或二力矩形式，即

$$\left. \begin{array}{c} \sum M_A(\boldsymbol{F}) = 0 \\ \sum M_B(\boldsymbol{F}) = 0 \end{array} \right\} （A、B 两点连线不能与各力平行） \tag{2.12}$$

平面平行力系只有两个独立的平衡方程，只能求解两个未知数。

【例 2.6】 塔式起重机如图 2.9(a) 所示，已知轨距为 4 m，机身重 $G = 500$ kN，其作用线至机架中心线的距离为 4 m，起重机最大起吊载荷 $G_1 = 260$ kN，其作用线至机架中心线的距离为 12 m，平衡块 G_2 至机架中心线的距离为 6 m。欲使起重机满载时不向右倾倒，空载时不向左倾倒，试确定平衡块重 G_2；当平衡块重 $G_2 = 600$ kN 时，试求满载时轨道对轮子的约束反力。

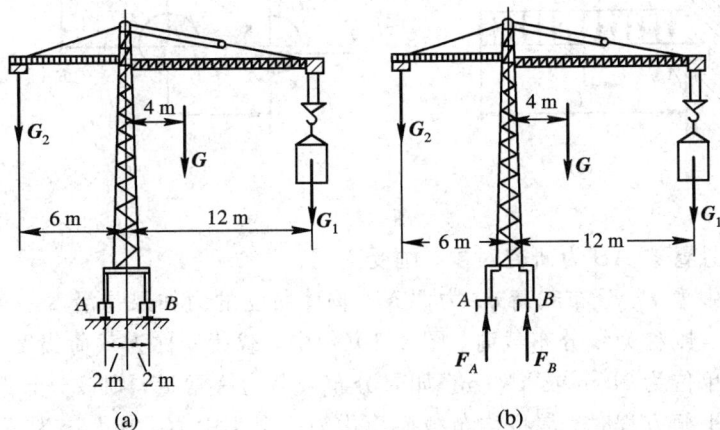

图 2.9

解 (1) 取起重机为研究对象，画受力图。

主动力：机身重力 $\boldsymbol{G}$、起吊载荷 $\boldsymbol{G_1}$、平衡块重 $\boldsymbol{G_2}$。

约束反力：轨道对轮子的约束反力 $\boldsymbol{F_A}$、$\boldsymbol{F_B}$。

受力图如图 2.9(b) 所示。

(2) 列平衡方程，求平衡块重。

① 满载时的情况。

满载时，若平衡块太轻，则起重机将会绕 B 点向右翻倒，在平衡的临界状态时，F_A 等于零，平衡块重达到允许的最小值 G_{2min}。

$$\sum M_B(\boldsymbol{F}) = 0 \qquad G_{2min} \times (6+2) - G \times (4-2) - G_1 \times (12-2) = 0$$
$$G_{2min} = 450 \text{ kN}$$

② 空载时的情况。

空载时，起重机在平衡块的作用下，将会绕 A 点向左翻倒，在平衡的临界状态时，F_B 等于零，平衡块重达到允许的最大值 G_{2max}。

$$\sum M_A(\boldsymbol{F}) = 0 \qquad G_{2max} \times (6-2) - G \times (4+2) = 0$$
$$G_{2max} = 750 \text{ kN}$$

因此，要保证起重机在满载和空载时均不致翻倒，平衡块重应满足如下条件：
$$450 \text{ kN} \leqslant G_2 \leqslant 750 \text{ kN}$$

(3) 列平衡方程，求 $G_2 = 600 \text{ kN}$ 满载时轮轨对机轮的约束反力。
$$\sum M_B(\boldsymbol{F}) = 0 \qquad G_2 \times (6+2) - F_A \times 4 - G \times (4-2) - G_1 \times (12-2) = 0$$
$$F_A = 300 \text{ kN（方向如图）}$$
$$\sum M_A(\boldsymbol{F}) = 0 \qquad G_2 \times (6-2) + F_B \times 4 - G \times (4+2) - G_1 \times (12+2) = 0$$
$$F_B = 1060 \text{ kN（方向如图）}$$

【例 2.7】 一端固定的悬臂梁 AB 如图 2.10(a)所示。已知 $q = 10 \text{ kN/m}$，$F = 20 \text{ kN}$，$M = 10 \text{ kN·m}$，$l = 2 \text{ m}$，试求梁支座 A 的约束反力。

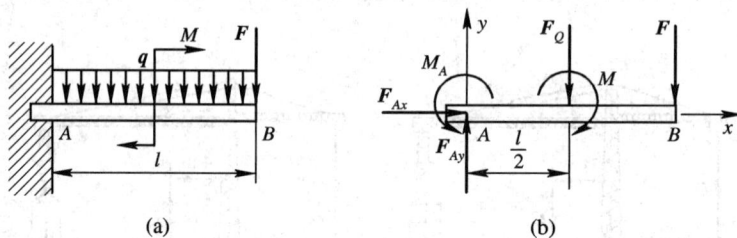

图 2.10

解 (1) 取悬臂梁 AB 为研究对象，画受力图。

主动力：集中力 $\boldsymbol{F}$、分布载荷 q、力偶 M。物体所受的力如果是沿着一条线连续分布且相互平行的力系，则称为线分布载荷。图 2.10(a)中，载荷 q 称为载荷集度，表示单位长度上所受的力，其单位为 N/m 或 kN/m。如果分布载荷为一常量，则该分布载荷称为均布力或均布载荷。列平衡方程时，常将均布载荷简化为一个集中力，其大小为 $F_Q = ql$（l 为载荷作用长度），作用线通过作用长度的中点。

约束反力：A 端受一固定端约束，其约束反力为 $\boldsymbol{F}_{Ax}$、$\boldsymbol{F}_{Ay}$、M_A。受力图如图 2.10(b)所示。

(2) 建立坐标系 Axy，列平衡方程并求解。
$$\sum F_x = 0 \qquad F_{Ax} = 0$$
$$\sum F_y = 0 \qquad F_{Ay} - F_Q - F = 0$$

其中：$F_Q = ql = 10 \times 2 = 20$ kN，作用在 AB 段中点位置。
$$F_{Ay} = F_Q + F = 20 + 20 = 40 \text{ kN（方向如图）}$$
$$\sum M_A(\boldsymbol{F}) = 0 \qquad M_A - F_Q \times \frac{l}{2} - M - F \times l = 0$$
$$M_A = \frac{l}{2}F_Q + M + Fl = \frac{2}{2} \times 20 + 10 + 20 \times 2 = 70 \text{ kN·m（转向如图）}$$

2.4 物系的平衡

2.4.1 静定与静不定问题的概念

由前面介绍的平衡计算可知，每一种力系的独立平衡方程的数目都是一定的。例如，平面力偶系只有一个，平面汇交力系和平面平行力系各有两个，平面任意力系有三个。因此，对每一种力系来说，所能解出的未知数也是一定的。

如果所研究的平衡问题的未知量数目少于或等于独立平衡方程的数目，则所有未知量可全部由平衡方程求出，这类问题称为静定问题，如图 2.11(a)、(b)所示。

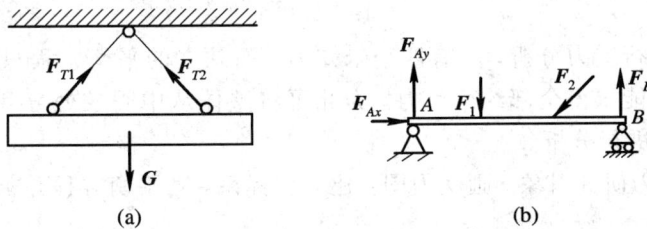

图 2.11

如果未知量的数目超过了独立平衡方程的数目，则单靠平衡方程无法求出全部未知数，这类问题称为超静定或静不定问题，如图 2.12(a)、(b)所示。总未知量数目与总独立平衡方程数目之差称为静不定次数。

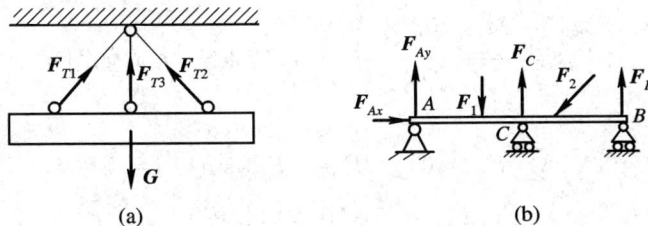

图 2.12

静力学只研究静定平衡问题，至于静不定问题，需考虑物体受力后的变形情况，找出变形与作用力之间的关系，并建立相应的补充方程才能求解。

2.4.2 物系平衡问题的处理

所谓物系，就是指由若干个物体按一定方式连接而成的系统。当整个物系处于平衡时，系统中每一个物体或某一个局部一定平衡，因此，可取整个系统为研究对象，也可取单个物体或系统中部分物体的组合为研究对象。作用于研究对象上的力系都满足平衡方程，所有未知量也均可通过平衡方程求出。

在研究物系的平衡问题时，不仅要分析外界物体对于整个系统作用的外力，同时还应研究系统内各物体间相互作用的内力。由于内力总是成对出现的，因此当取整体为研究对象时，可不考虑内力，但内力与外力的概念又是相对的，当研究物系中某一个物体或某一部分的平衡时，物系中其他物体或其他部分对所研究物体或部分的作用力就成为外力，必须考虑。现举例说明物系平衡问题的解法。

【例 2.8】 多跨静定梁由 AC 和 CE 用中间铰 C 连接而成，支承和载荷情况如图 2.13(a)所示。已知 $F=10$ kN，$q=5$ kN/m，$M=10$ kN·m，$l=8$ m。试求支座 A、B、E 及中间铰 C 的约束反力。

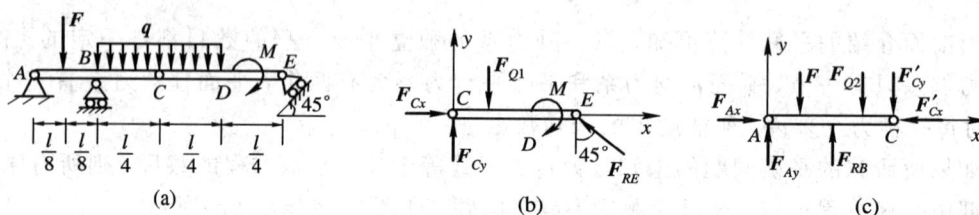

图　2.13

解 对整体进行受力分析，共有四个未知力，而独立的平衡方程只有三个，这表明以整体为研究对象不能求得全部约束反力。为此可将整体从中间铰处分开，分成左、右两个单体，取研究对象进行分析。

（1）取梁 CE 为研究对象，画受力图，建立坐标系，列平衡方程并求解。

受力图如图 2.13(b)所示。其中，$F_{Q1}=q\times\dfrac{l}{4}=10$ kN，作用在 CD 段的中点。

$$\sum M_C(\boldsymbol{F})=0$$

$$-F_{Q1}\times\frac{l}{8}-M+F_{RE}\times\left(\frac{l}{8}+\frac{l}{8}+\frac{l}{4}\right)\times\cos45°=0$$

$$F_{RE}=\frac{M+F_{Q1}\times\dfrac{l}{8}}{\dfrac{\sqrt{2}l}{4}}=7.07\ \text{kN}（方向如图）$$

$$\sum F_x=0\qquad F_{Cx}-F_{RE}\sin45°=0$$

$$F_{Cx}=5\ \text{kN}（方向如图）$$

$$\sum F_y=0\qquad F_{Cy}-F_{Q1}+F_{RE}\cos45°=0$$

$$F_{Cy}=5\ \text{kN}（方向如图）$$

（2）取梁 AC 为研究对象，画受力图，建立坐标系，列平衡方程并求解。

受力图如图 2.13(c)所示。其中，$F_{Q2}=q\times\dfrac{l}{4}=10$ kN，作用在 BC 段的中点；$F'_{Cx}=F_{Cx}=5$ kN，$F'_{Cy}=F_{Cy}=5$ kN，方向如图 2.13(c)所示。

$$\sum F_x = 0 \qquad F_{Ax} - F'_{Cx} = 0$$

$$F_{Ax} = 5 \text{ kN(方向如图)}$$

$$\sum M_A(\boldsymbol{F}) = 0$$

$$-F \times \frac{l}{8} + F_{RB} \times \left(\frac{l}{8} + \frac{l}{8}\right) - F_{Q2} \times \left(\frac{l}{8} + \frac{l}{8} + \frac{l}{8}\right) - F'_{Cy} \times \left(\frac{l}{8} + \frac{l}{8} + \frac{l}{4}\right) = 0$$

$$F_{RB} = 30 \text{ kN(方向如图)}$$

$$\sum F_y = 0 \qquad F_{Ay} - F + F_{RB} - F_{Q2} - F'_{Cy} = 0$$

$$F_{Ay} = -5 \text{ kN(与图示方向相反)}$$

【例 2.9】 三铰拱每半拱重 $G=300$ kN，跨长 $l=32$ m，拱高 $h=10$ m，如图 2.14(a)所示，试求铰链支座 A、B、C 的约束反力。

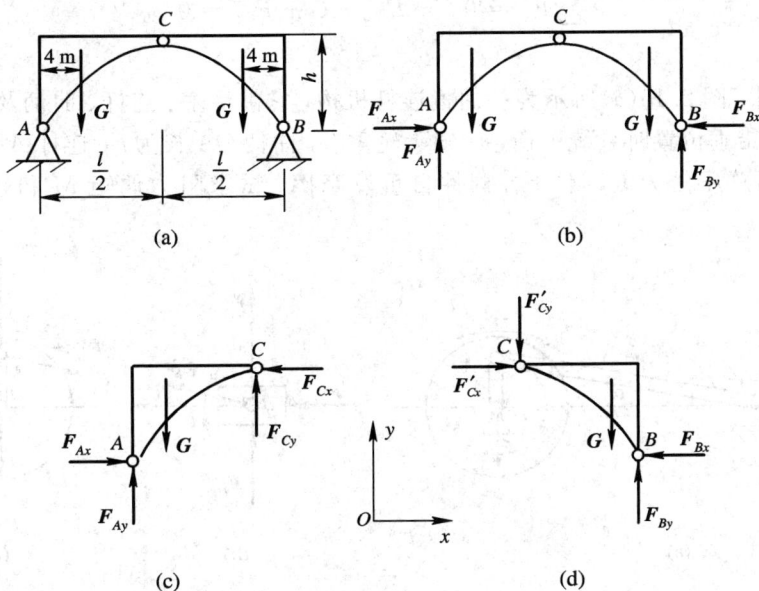

图 2.14

解 第一种解法：先取三铰拱整体为研究对象，再取半拱 AC(或 BC)为研究对象进行求解。第二种解法：分别取半拱 AC、BC 为研究对象进行求解。第一种解题方法比较简单，下面就介绍第一种。

(1) 先取三铰拱整体为研究对象，画出受力图。

主动力：两个半拱重力 $\boldsymbol{G}$。

约束反力：铰链支座 A、B 处的约束反力 $\boldsymbol{F}_{Ax}$、$\boldsymbol{F}_{Ay}$、$\boldsymbol{F}_{Bx}$、$\boldsymbol{F}_{By}$。

受力图如 2.14(b)所示。

(2) 建立坐标系 Oxy，列平衡方程。

$$\sum M_A(\boldsymbol{F}) = 0 \qquad -G \times 4 - G \times (l-4) + F_{By} \times l = 0$$

$$F_{By} = 300 \text{ kN(方向如图所示)}$$

$$\sum F_y = 0 \qquad F_{Ay} - G - G + F_{By} = 0$$

$$F_{Ay} = 300 \text{ kN(方向如图所示)}$$

$$\sum F_x = 0 \qquad F_{Ax} - F_{Bx} = 0$$
$$F_{Ax} = F_{Bx}$$

（3）取半拱 AC 为研究对象，画出受力图。

半拱 AC 上作用有主动力 G，约束反力有 F_{Ax}、F_{Ay}、F_{Cx}、F_{Cy}，受力图如图 2.14（c）所示。

$$\sum M_C(\boldsymbol{F}) = 0 \qquad F_{Ax} \times h - F_{Ay} \times \frac{l}{2} + G \times \left(\frac{l}{2} - 4\right) = 0$$
$$F_{Ax} = F_{Bx} = 120 \text{ kN（方向如图所示）}$$
$$\sum F_x = 0 \qquad F_{Ax} - F_{Cx} = 0$$
$$F_{Cx} = 120 \text{ kN（方向如图所示）}$$
$$\sum F_y = 0 \qquad F_{Ay} - G + F_{Cy} = 0$$
$$F_{Cy} = 0$$

【例 2.10】 图 2.15（a）所示为一曲柄连杆机构，它由活塞、连杆、曲柄及飞轮组成，设曲柄处于图示铅垂位置时系统平衡，已知飞轮重 G，曲柄 OA 长为 r，连杆 AB 长为 l，作用于活塞 B 上的总压力为 $\boldsymbol{F}$，不计各构件自重及摩擦。试求阻力偶矩 M 和轴承 O 的约束反力。

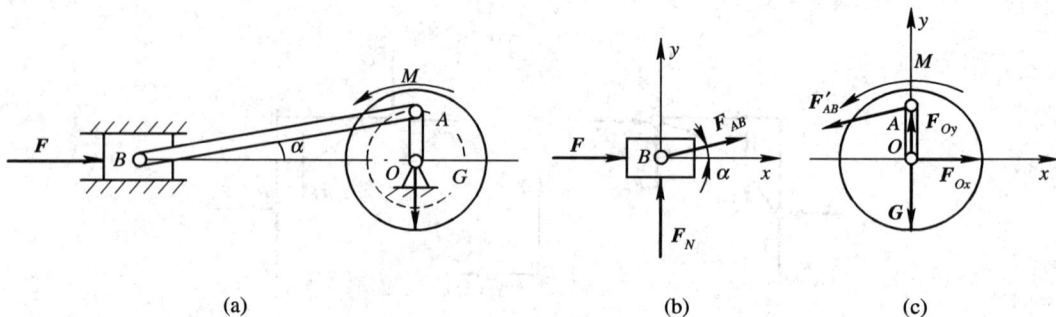

图 2.15

解 本题是物系平衡的另一类问题，属于运动机构，一般可以按照力的传递顺序，依次取研究对象。

（1）以活塞为研究对象，画受力图，建立坐标系，列平衡方程并求解。

受力图如图 2.15（b）所示。

$$\sum F_x = 0 \qquad F_{AB} \times \cos\alpha + F = 0$$
$$F_{AB} = -\frac{F}{\cos\alpha} = -F \frac{l}{\sqrt{l^2 - r^2}} \text{（与图示方向相反）}$$

（2）以飞轮连同曲柄一起为研究对象，画受力图，建立坐标系，列平衡方程并求解，其中 $\boldsymbol{F}'_{AB} = -\boldsymbol{F}_{AB}$，它们互为作用力与反作用力，受力图如图 2.15（c）所示。

$$\sum M_O(\boldsymbol{F}) = 0 \qquad F'_{AB} \times \cos\alpha \times r + M = 0$$
$$M = -F'_{AB} r \cos\alpha = -\left(-\frac{F}{\cos\alpha}\right) r \cos\alpha = Fr \text{（转向如图）}$$
$$\sum F_x = 0 \qquad -F'_{AB} \cos\alpha + F_{Ox} = 0$$

$$F_{Ox} = F'_{AB} \cos\alpha = -\frac{F}{\cos\alpha} \cos\alpha = -F(与图示方向相反)$$

$$\sum F_y = 0 \qquad -F'_{AB} \sin\alpha - G + F_{Oy} = 0$$

$$F_{Oy} = G + F'_{AB} \sin\alpha = G - \frac{Fr}{\sqrt{l^2 - r^2}}$$

2.5　考虑摩擦时物体的平衡问题

在前面各节研究物体的平衡问题时，都假定两物体间的接触面是绝对光滑的。实际上，这种绝对光滑的接触面是不存在的，两物体的接触面间一般都有摩擦，只是在有些问题中，接触面确实比较光滑或有良好的润滑条件，以至于摩擦力与物体所受的其他力相比小得多，属于次要因素，忽略不计而已。但在有些问题中，摩擦起着主要的作用，必须加以考虑。例如，工程中使用的夹具利用摩擦把工件夹紧，车辆的启动和制动都是靠摩擦来实现的，等等。

摩擦按物体接触面间是否发生相对运动分为静摩擦与动摩擦；按物体接触面间发生的相对运动形式分为滑动摩擦与滚动摩擦。本节主要介绍滑动摩擦的情况，对滚动摩擦只作简单介绍。

2.5.1　滑动摩擦

当两物体接触面间有相对滑动的趋势时，物体接触表面产生的摩擦力称为静滑动摩擦力，简称静摩擦力。当两物体接触面间产生相对滑动时，物体接触表面产生的摩擦力称为动滑动摩擦力，简称动摩擦力。由于摩擦对物体的运动起阻碍作用，因此摩擦力总是作用在接触面(点)，沿接触处的公切线，与物体相对滑动或相对滑动趋势的方向相反。

摩擦力的计算方法一般根据物体的运动情况而定，通过实验可得如下结论：

(1) 静滑动摩擦定律(或库仑定律)：当促使物体产生运动趋势的主动力增到某一数值时，物体处于将动而未动的临界平衡状态，这时的静摩擦力达到最大值，称为最大静摩擦力，用 $\boldsymbol{F}_{f\max}$ 表示，其大小与接触面间的正压力(即法向反力)$\boldsymbol{F}_N$ 的大小成正比，即

$$F_{f\max} = fF_N \qquad\qquad (2.13)$$

式中，比例系数 f 称为静摩擦因数，其大小与接触面的材料、粗糙度、湿度、温度等情况有关，而与接触面积的大小无关。各种材料在不同情况下的静摩擦因数是由实验测定的。常见材料的静摩擦因数如表 2.1 所示。

(2) 一般静止状态下的静摩擦力 $\boldsymbol{F}_f$ 随主动力的变化而变化，其大小由平衡方程确定，介于零和最大静摩擦力之间，即

$$0 \leqslant F_f \leqslant F_{f\max} \qquad\qquad (2.14)$$

(3) 动滑动摩擦定律：当促使物体产生运动的主动力增加到略大于 $\boldsymbol{F}_{f\max}$ 时，物体处于滑动状态，在接触面上产生动滑动摩擦力 $\boldsymbol{F}'_f$。通过实验也可得与静滑动摩擦定律相似的动滑动摩擦定律，即

$$F_f' = f'F_N \tag{2.15}$$

式中，比例系数 f' 称为动摩擦因数，其大小与接触面的材料、粗糙度、湿度、温度等情况有关，而与接触面积的大小无关。一般 $f > f'$，这说明推动物体从静止开始滑动比较费力，一旦滑动起来，要维持滑动就省力些。各种材料在不同情况下的动摩擦因数是由实验测定的。常见材料的动摩擦因数如表 2.1 所示。

表 2.1　常见材料的滑动摩擦因数

材料名称	摩　擦　因　数			
	静摩擦因数（f）		动摩擦因数（f'）	
	无润滑剂	有润滑剂	无润滑剂	有润滑剂
钢-钢	0.15	0.1~0.12	0.15	0.05~0.10
钢-铸铁	0.3		0.18	0.05~0.15
钢-青铜	0.15	0.1~0.15	0.15	0.1~0.15
钢-橡胶	0.9		0.6~0.8	
铸铁-铸铁		0.18	0.15	0.07~0.12
铸铁-青铜			0.15~0.2	0.07~0.15
铸铁-皮革	0.3~0.5	0.15	0.6	0.15
铸铁-橡胶			0.8	0.5
青铜-青铜		0.10	0.2	0.07~0.10
木-木	0.4~0.6	0.10	0.2~0.5	0.07~0.15

注：此表摘自《机械设计手册（第二版）》（化学工业出版社，1979 年）中的表 1-9。

2.5.2　摩擦角与自锁现象

存在摩擦时，平衡物体受到的约束反力包括法向反力 F_N 和切向反力（即静摩擦力）F_f，两者的合力称为全约束反力，简称全反力，用符号 F_R 表示。

全反力与接触面法线之间的夹角为 φ，如图 2.16（a）所示。全反力 F_R 和夹角 φ 的大小随静摩擦力 F_f 的增大而增大，当物体处于临界平衡状态时，静摩擦力达到最大值 $F_f = F_{f\max}$，夹角 φ 也达到最大值 $\varphi = \varphi_m$，这时的全反力与接触面法线夹角的最大值 φ_m 称为摩擦角，如图 2.16（b）所示。由此可得

$$\tan\varphi_m = \frac{F_{f\max}}{F_N} = f \tag{2.16}$$

即摩擦角的正切值等于静摩擦因数。摩擦角和静摩擦因数是两接触物体同一摩擦性能的两种不同度量方式。

物体平衡时，静摩擦力总是小于或等于最大静摩擦力，因此，全反力 F_R 与接触面法线间的夹角 φ 也总是小于或等于摩擦角 φ_m，即全反力的作用线不可能超出摩擦角的范围。若物体与支承面的静摩擦因数在各个方向都相同，则这个范围在空间就形成一个锥体，称为摩擦锥，如图 2.16（c）所示。若主动力的合力 F_Q 的作用线在摩擦锥范围内，约束面必产生

一个与之等值、共线、反向的全反力 F_R 相平衡，不论 F_Q 怎样增大，物体总能处于静止平衡状态。这种只需主动力的合力其作用线在摩擦锥范围内，物体依靠摩擦总能静止而与主动力大小无关的力学现象称为自锁现象。自锁的条件为

$$\alpha \leqslant \varphi_m \tag{2.17}$$

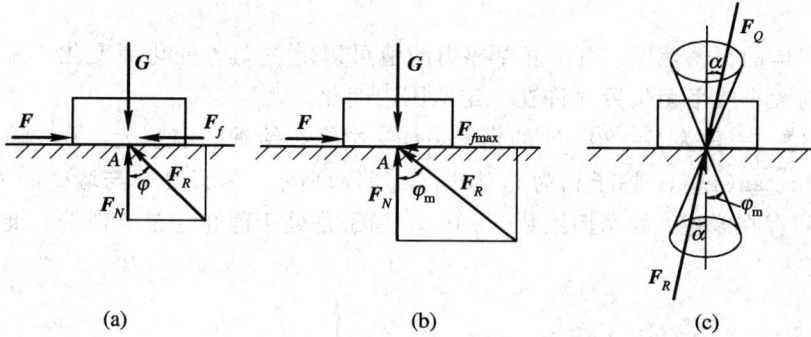

图 2.16

自锁现象在工程实际中有很重要的应用，如工人用螺旋千斤顶顶起重物，为保证螺旋千斤顶在被升起的重物的重力 G 作用下不会自动下降，则千斤顶的螺旋升角 $\alpha \leqslant \varphi_m$，如图 2.17 所示；工厂生产线上用传送带输送物料，就是通过自锁来阻止物料相对于传送带的滑动的；等等。相反，在工程实际中有时又要设法避免自锁现象的发生。例如，自卸货车的车斗能升起的仰角必须大于摩擦角 φ_m，卸货时才能处于非自锁状态；机器正常运行时的运动零部件不能因自锁而造成零部件相对卡住等。

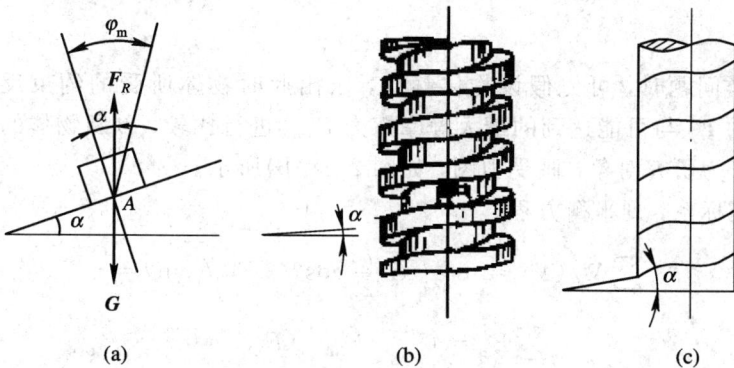

图 2.17

2.5.3 考虑摩擦时物体平衡问题的处理

考虑摩擦时物体的平衡问题其解题方法、步骤与不考虑摩擦时基本相同，所不同的是：在画物体受力图时，一定要画出摩擦力，并要注意摩擦力总是沿着接触面的公切线并与物体相对滑动或相对滑动趋势的方向相反，其方向要正确画出，不能随意假定；除列出物体的平衡方程外，还应附加静摩擦力的求解条件作为补充方程，因静摩擦力有一个变化范围，故所得结果也是一个范围值，称为平衡范围，在临界平衡状态时，补充方程为 $F_f = F_{f\max} = fF_N$，所得的结果也是平衡范围的极限值。

一般考虑有摩擦时的平衡问题可分为下述三种类型：

（1）已知作用于物体上的主动力，需判断物体是否处于平衡状态，并计算所受的摩擦力。

（2）已知物体处于临界的平衡状态，需求主动力的大小或物体平衡时的位置（距离或角度）。

（3）求物体的平衡范围。由于静摩擦力的值可以随主动力变化而变化，因此物体平衡时，主动力的大小或平衡位置允许在一定范围内变化。

【例 2.11】 一重为 $G = 200$ N 的梯子 AB 一端靠在铅垂的墙壁上，另一端搁置在水平地面上，$\theta = \arctan(4/3)$，梯子长为 l，如图 2.18(a)所示。假设梯子与墙壁间为光滑约束，而与地面之间存在摩擦，静摩擦因数 $f = 0.5$。梯子是处于静止还是会滑倒？此时摩擦力的大小为多少？

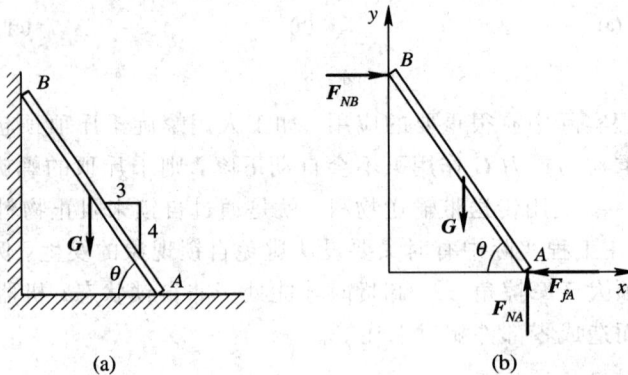

图 2.18

解 解这类问题时，可先假设物体静止，求出此时物体所受的约束反力与静摩擦力 $\boldsymbol{F}_f$，把所求得的 $\boldsymbol{F}_f$ 与可能达到的最大静摩擦力 $\boldsymbol{F}_{f\max}$ 进行比较，判断物体的状态。

（1）取梯子为研究对象，画受力图，如图 2.18(b)所示。

（2）建立坐标系，列平衡方程。

$$\sum M_A(\boldsymbol{F}) = 0 \qquad G\frac{l}{2}\cos\theta - F_{NB}l\,\sin\theta = 0$$

$$\sum F_x = 0 \qquad F_{NB} - F_{fA} = 0$$

$$\sum F_y = 0 \qquad F_{NA} - G = 0$$

解得

$$F_{NA} = 200 \text{ N}, \quad F_{fA} = 75 \text{ N}$$

（3）补充方程。

$$F_{f\max A} = fF_{NA} = 0.5 \times 200 = 100 \text{ N}$$

（4）比较。$F_{fA} < F_{f\max A}$，梯子处于静止状态。此时，摩擦力的大小为 75 N，方向如图所示。

【例 2.12】 一重为 G 的物体放在倾角为 α 的斜面上，如图 2.19(a)所示。物体与斜面间的静摩擦因数为 f，摩擦角为 φ_m，且 $\alpha > \varphi_m$。试求使物体保持静止时水平推力 $\boldsymbol{F}$ 的大小。

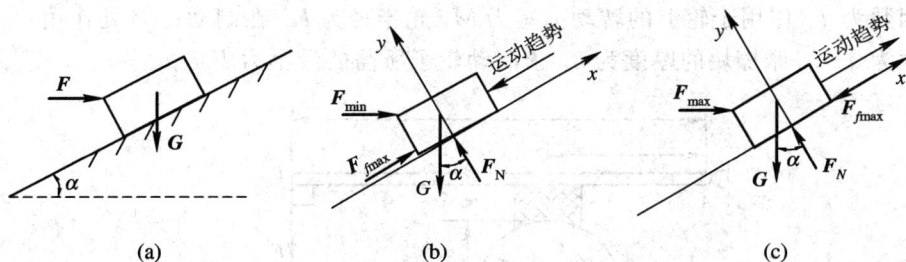

图　2.19

解　因为 $\alpha>\varphi_m$，所以物体处于非自锁状态，当物体上没有力作用时物体将沿斜面下滑。要使物体在斜面上保持静止，作用于物体上的水平推力 F 不能太小，也不能太大。当作用于物体上的水平推力 F 太小时，物体有可能沿斜面下滑；当 F 太大时，物体有可能沿斜面向上滑动。因此，F 的大小应在某一个范围内，即

$$F_{min} \leqslant F \leqslant F_{max}$$

（1）求 F_{min}。

当物体处于下滑趋势的临界状态时，F 为最小值 F_{min}，受力图如图 2.19(b)所示。因为物体有向下的滑动趋势，所以摩擦力 F_{fmax} 应沿斜面向上。沿斜面方向建立直角坐标系，列出平衡方程

$$\sum F_x = 0 \quad F_{min}\cos\alpha - G\sin\alpha + F_{fmax} = 0$$

$$\sum F_y = 0 \quad F_N - F_{min}\sin\alpha - G\cos\alpha = 0$$

列补充方程

$$F_{fmax} = fF_N = F_N \tan\varphi_m$$

解得

$$F_{min} = \frac{\sin\alpha - f\cos\alpha}{\cos\alpha + f\sin\alpha}G = \frac{\sin\alpha - \tan\varphi_m \cos\alpha}{\cos\alpha + \tan\varphi_m \sin\alpha}G = G\tan(\alpha - \varphi_m)$$

（2）求 F_{max}。

当物体处于上滑趋势的临界状态时，F 为最大值 F_{max}，受力图如图 2.19(c)所示。因为物体有向上的滑动趋势，所以摩擦力 F_{fmax} 应沿斜面向下。沿斜面方向建立直角坐标系，列出平衡方程

$$\sum F_x = 0 \quad F_{max}\cos\alpha - G\sin\alpha - F_{fmax} = 0$$

$$\sum F_y = 0 \quad F_N - F_{max}\sin\alpha - G\cos\alpha = 0$$

列补充方程

$$F_{fmax} = fF_N = F_N \tan\varphi_m$$

解得

$$F_{max} = \frac{\sin\alpha + f\cos\alpha}{\cos\alpha - f\sin\alpha}G = \frac{\sin\alpha + \tan\varphi_m \cos\alpha}{\cos\alpha - \tan\varphi_m \sin\alpha}G = G\tan(\alpha + \varphi_m)$$

综合以上结果可知，使物体保持静止时水平推力 F 的取值范围为

$$G\tan(\alpha - \varphi_m) \leqslant F \leqslant G\tan(\alpha + \varphi_m)$$

【例 2.13】　摩擦制动器的构造和主要尺寸如图 2.20(a)所示，已知摩擦块与轮之间的

静摩擦因数为 f，作用于轮上的转动力矩为 M，轮半径为 R。在制动杆 B 处作用一力 F，制动杆尺寸为 a、l，摩擦块的厚度为 δ。求制动轮子所需的最小力 $F_{\min}$。

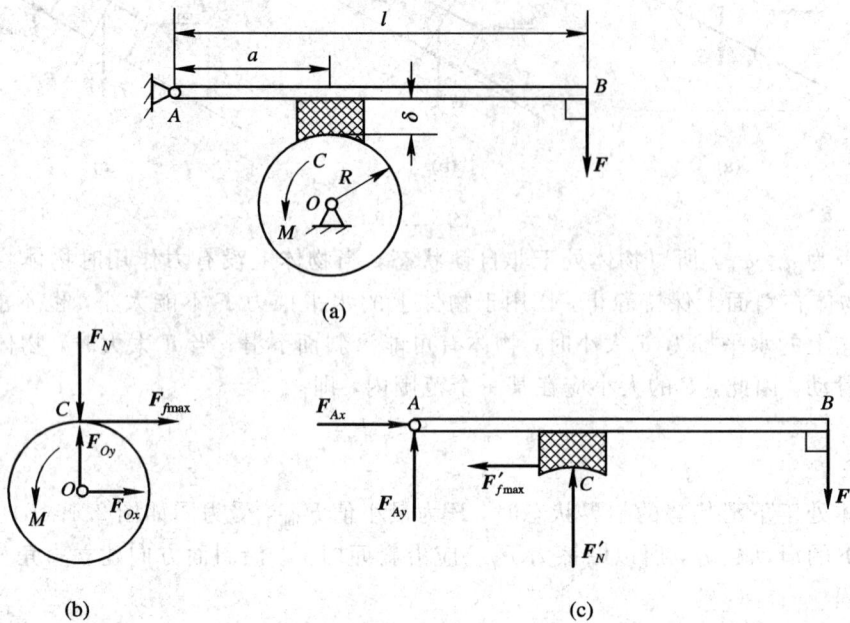

图 2.20

解 当轮子刚能停止转动，摩擦块与轮子处于临界平衡状态时，制动轮子所需的 F 的大小为 $F_{\min}$。

分别取轮子、制动杆为研究对象，画受力图，如图 2.20(b)、(c)所示。

对于轮子，列平衡方程

$$\sum M_O(F) = 0 \quad M - F_{f\max}R = 0$$

列补充方程

$$F_{f\max} = fF_N$$

解得

$$F_{f\max} = \frac{M}{R}, \quad F_N = \frac{M}{fR}$$

对于制动杆，列平衡方程

$$\sum M_A(F) = 0 \quad F'_N a - F'_{f\max}\delta - F_{\min}l = 0$$

又有

$$F_{f\max} = F'_{f\max}, \quad F'_N = F_N$$

解得

$$F_{\min} = \frac{M(a - f\delta)}{fRl}$$

2.5.4 滚动摩擦简介

当搬运机器等重物时，在重物底下垫上辊轴，比直接放在地面上推或拉要省力得多，这说明用辊轴的滚动来代替箱底的滑动所受到的阻力要小得多。车厢采用车轮，机器中采用滚动轴承，如图 2.21 所示，也都是这个道理。

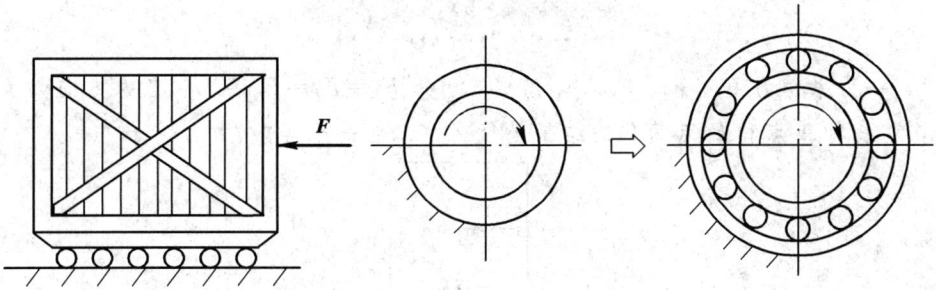

图　2.21

　　滚动阻力小于滑动阻力的原因，可以用车轮在地面上的滚动来分析。如图 2.22(a)所示，将一重为 G 的轮子放在地面上并在轮心施加一微小的水平力 F，这时在轮子与地面的接触处就会产生一摩擦阻力 F_f 以阻止轮子朝前滚动，F_f 与 F 等值、反向，组成一个力偶，其力偶矩大小为 Fr，它将驱使轮子产生转动趋势。当力 F 不大时，转动并没有发生而是保持平衡，这说明还存在一个阻碍转动的力偶矩，称为滚动摩擦力偶矩。其原因是轮子和地面都是变形体，都要产生变形，由于它们的变形，其上的约束反力分布在接触的曲面上，形成一个平面的任意力系，如图 2.22(b)所示。将这些任意分布的力向点 A 简化，即可得到一个力和一个力偶，其中这个力可分解为法向约束反力(正压力)F_N' 和静摩擦力 F_f，而这个力偶的矩即为滚动摩擦力偶矩 M_f，如图 2.22(c)所示。再将法向约束反力 F_N' 和滚动摩擦力偶矩 M_f 进一步按力的平移定理的逆定理进行合并，即可得到约束反力 F_N，其作用线向滚动方向偏移一段距离 e，如图 2.22(d)所示。当轮子达到开始滚动尚未滚动的临界状态时，偏移值 e 也增大到最大值 δ。试验表明，最大滚动摩擦力偶矩与两个相互接触物体间的法向约束反力成正比，即

$$M_{fmax} = e_{max} F_N = \delta F_N \tag{2.18}$$

　　这就是滚动摩擦定律，比例常数 δ 称为滚动摩擦因数，它与相互接触物体的材料性质及接触面的硬度、湿度等有关。一般材料硬些，受载后接触面的变形就小些，滚动摩擦因数 δ 也会小些，如车胎打足气后使车胎变形减小，便可以减小滚动摩擦阻力，车子骑起来就省力些。

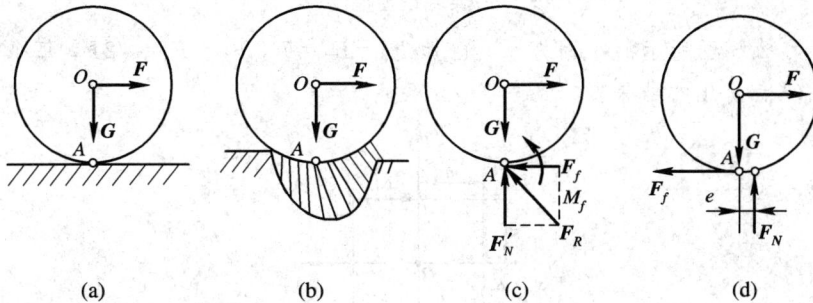

图　2.22

思 考 与 练 习

2.1 一力系由力 F_1、F_2、F_3、F_4 组成，已知 $F_1 = F_2 = F_3 = F_4$，各力方向如练习 2.1 图所示，力系向 A 点和 B 点简化的结果是什么？二者是否等效？

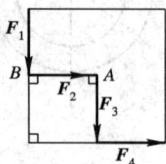

练习 2.1 图

2.2 如练习 2.2 图所示，在物体上 A、B、C 三点处分别有等值且互成 $60°$ 夹角的力 F_1、F_2、F_3，此物体是否平衡？为什么？

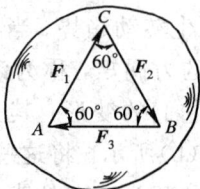

练习 2.2 图

2.3 列平衡方程时，坐标轴选在什么方向上可使投影方程简便？矩心选在什么点上可使力矩方程简便？

2.4 已知沙石与皮带间的静摩擦因数 $f = 0.5$，练习 2.4 图所示输送带的最大倾角应为多少？

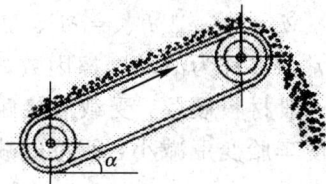

练习 2.4 图

2.5 练习 2.5 图所示的平面力系，已知 $F_1 = F_2 = F$，$F_3 = F_4 = \sqrt{2}F$，每个方格边长为 a。求力系向 O 点简化的结果。

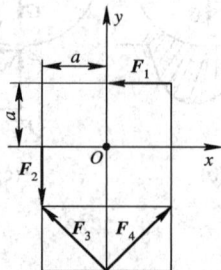

练习 2.5 图

2.6　练习 2.6 图所示的三角支架的铰链 A 处销钉上悬挂一重物,各杆自重不计,已知 $G=10$ kN,试求杆 AB、AC 所受的力。

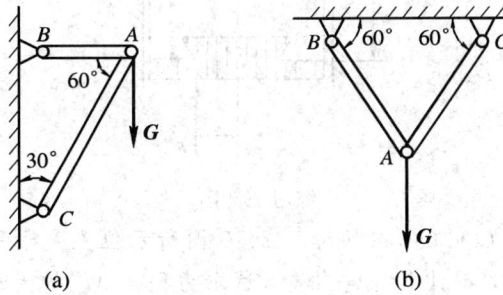

练习 2.6 图

2.7　如练习 2.7 图所示,简易起重机用钢丝绳吊起重物,已知 $G=5$ kN,不计杆件自重及滑轮的大小,A、B、C 三处均为光滑铰链连接,试求杆件 AB、AC 所受的力。

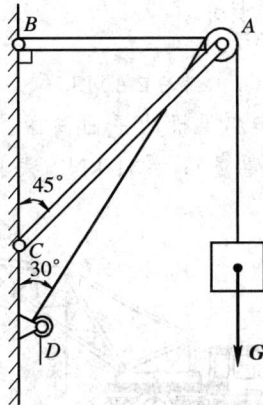

练习 2.7 图

2.8　构件的支承和载荷情况如练习 2.8 图所示,$l=4$ m,求支座 A、B 的约束反力。

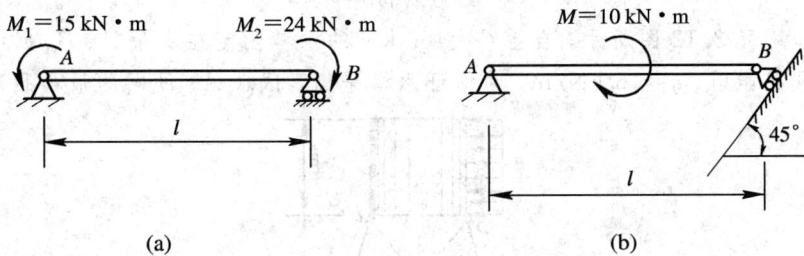

练习 2.8 图

2.9　锻压机在工作时,由于锻锤受到工件的反作用力有偏心,使锻锤发生偏斜,如练习 2.9 图所示。已知锻打力 $F=150$ kN,偏心距 $e=20$ mm,锤头高度 $h=300$ mm,试求锤头加给两侧导轨的压力。

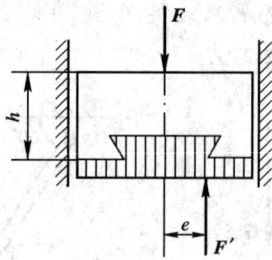

练习 2.9 图

2.10 铰链四杆机构 $OABO_1$，在如练习 2.10 图所示位置处于平衡，已知 $M_1 = 1$ N·m，$l_{OA} = 0.4$ m，$l_{O1B} = 0.6$ m，不计各杆的自重，试求力偶矩 M_2 的大小及连杆 AB 所受的力。

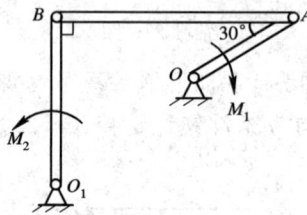

练习 2.10 图

2.11 练习 2.11 图所示为汽车起重机的平面简图。已知车重 $G_1 = 26$ kN，臂重 $G_2 = 4.5$ kN，起重机旋转及固定部分的重量 $G_3 = 31$ kN。试求在图示位置时汽车不致翻倒的最大起重量 G。

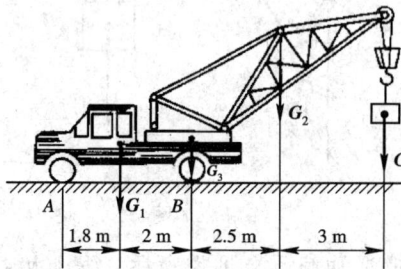

练习 2.11 图

2.12 如练习 2.12 图所示，自重 $G = 160$ kN 的水塔固定在支架 A、B、C、D 上，若水塔左侧面受风载作用，$q = 16$ kN/m，为保证水塔平衡，试求 A、B 间的最小距离。

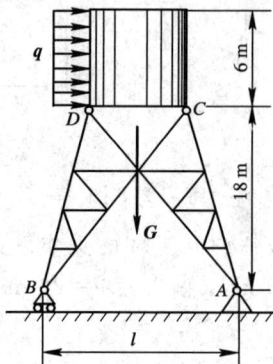

练习 2.12 图

2.13　练习 2.13 图所示为组合梁，已知 q、a，且 $F=qa$，$M=qa^2$，求各梁 A、B 处的约束反力。

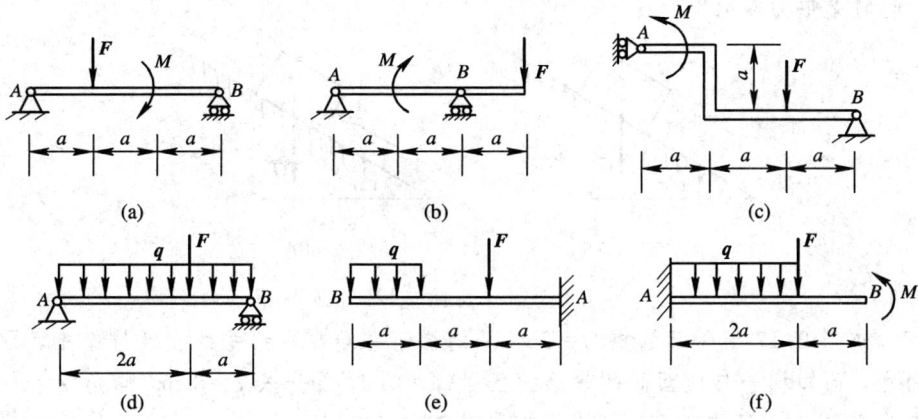

练习 2.13 图

2.14　练习 2.14 图所示的构架由杆件 AB 和 BC 所组成。载荷 $G=6$ kN，不计滑轮和杆件重量，求 A、C 两铰链处的约束反力。

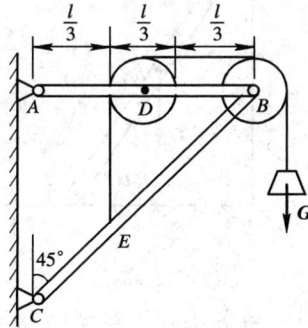

练习 2.14 图

2.15　练习 2.15 图所示为破碎机传动机构，设破碎时矿石对活动颚板 AB 的作用力沿垂直于 AB 方向的分力 $F=1$ kN，其作用点为 H。已知 $AB=0.6$ m，$AH=0.4$ m，$OE=0.1$ m，$BC=CD=0.6$ m，求在图示位置时电机作用于杆 OE 的转矩 M。

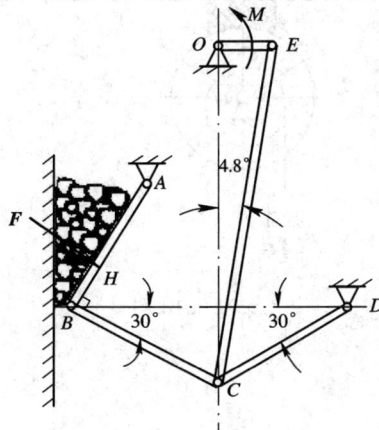

练习 2.15 图

2.16 练习 2.16 图所示的重 $G=1$ kN 的物体放在倾角 $\alpha=30°$ 的斜面上，已知接触面间的静摩擦因数 $f=0.2$，现用 $F=600$ N 的力沿斜面推物体，物体在斜面上是静止的还是滑动的？此时摩擦力多大？

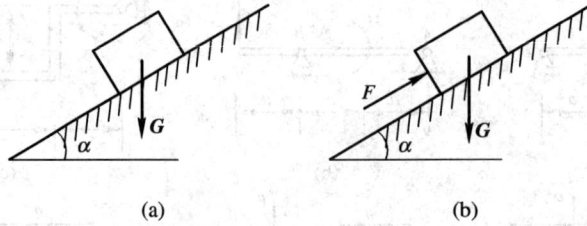

(a)   (b)

练习 2.16 图

2.17 练习 2.17 图所示的重 $G=250$ N 的梯子一端靠在铅垂的光滑墙壁上，另一端放在水平面上，已知梯子与地面间的静摩擦因数 $f=0.3$，梯子长 $l=3$ m，倾角 $\alpha=60°$。若一重为 700 N 的人沿梯子向上爬，试求人能够达到的最大高度。

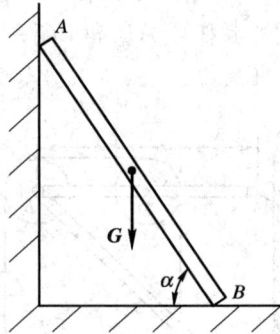

练习 2.17 图

2.18 练习 2.18 图所示为一制动装置，已知制动轮与制动块之间的静摩擦因数为 f，毂轮上悬挂的重物的重量为 G，几何尺寸如图所示，试求制动所需 F 的最小值。

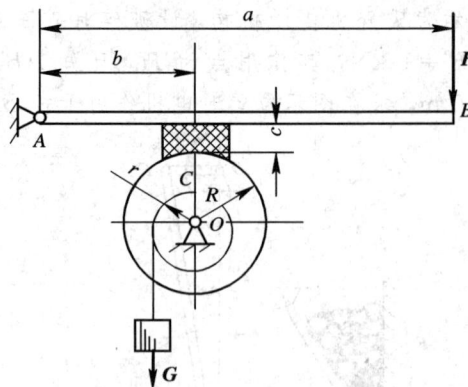

练习 2.18 图

第 3 章 空间力系的平衡

力系中各力的作用线不在同一平面内,此力系就称为空间力系。与平面力系一样,空间力系可分为空间汇交力系、空间平行力系和空间任意力系,如图 3.1 所示。

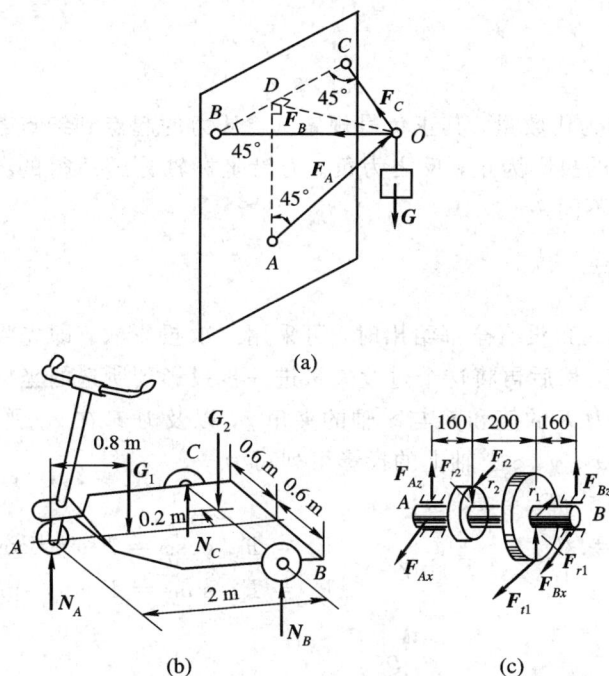

图   3.1

本章将介绍力在空间直角坐标轴上的投影、力对轴之矩的概念和计算以及空间力系的平衡问题。

3.1 力在空间直角坐标轴上的投影

3.1.1 直接投影法

力在空间直角坐标轴上的投影定义与在平面力系中的定义相同。若已知力与轴的夹角,就可以直接求出力在轴上的投影,这种求解方法称为直接投影法。

设空间直角坐标系的三个坐标轴如图 3.2 所示,已知力 F 与三轴间的夹角分别为 α、β、γ,则力在轴上的投影为

$$\left.\begin{aligned} F_x &= F\cos\alpha \\ F_y &= F\cos\beta \\ F_z &= F\cos\gamma \end{aligned}\right\} \tag{3.1}$$

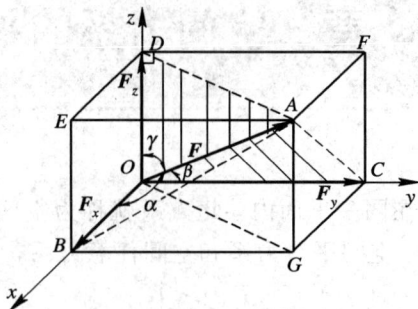

图　3.2

力在轴上的投影为代数量，其正负号规定为：从力的起点到终点若投影后的趋向与坐标轴正向相同，则力的投影为正；反之为负。力沿坐标轴分解所得的分量为矢量。虽然两者大小相同，但性质不同。

3.1.2　二次投影法

当力与坐标轴的夹角没有全部给出时，可采用二次投影法，即先将力投影到某一坐标平面上得到一个矢量，然后再将这个过渡矢量进一步投影到所选的坐标轴上。

图 3.3 中，已知力 F 的值和 F 与 z 轴的夹角 γ，以及力 F 在 xy 平面上的投影 F_{xy} 与 x 轴的夹角 φ，则 F 在 x、y、z 三轴上的投影可列写为

$$F \Rightarrow \begin{cases} F_z = F\cos\gamma \\ F_{xy} = F\sin\gamma \end{cases} \Rightarrow \begin{cases} F_x = F_{xy}\cos\varphi = F\sin\gamma\cos\varphi \\ F_y = F_{xy}\sin\varphi = F\sin\gamma\sin\varphi \end{cases} \tag{3.2}$$

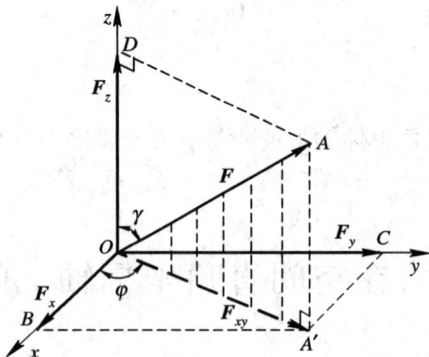

图　3.3

若已知投影 F_x、F_y、F_z，则合力 F 的大小、方向可由下式求得

$$\left.\begin{aligned} F &= \sqrt{F_{xy}^2 + F_z^2} = \sqrt{(F_x^2 + F_y^2) + F_z^2} = \sqrt{F_x^2 + F_y^2 + F_z^2} \\ \cos\alpha &= \left|\frac{F_x}{F}\right|, \quad \cos\beta = \left|\frac{F_y}{F}\right|, \quad \cos\gamma = \left|\frac{F_z}{F}\right| \end{aligned}\right\} \tag{3.3}$$

其中，α、β、γ 分别为力 F 与 x、y、z 轴间所夹之锐角。

3.1.3　合力投影定理

设在某物体上 A 点，作用一空间汇交力系 F_1，F_2，$\cdots$，F_n，与平面汇交力系合成相似，运用平行四边形法则，可将其逐步合成为一作用于汇交点的合力 F_R，故有

$$F_R = F_1 + F_2 + \cdots + F_n = \sum F \tag{3.4}$$

将式(3.4)向 x、y、z 三坐标轴上投影，即得

$$F_{Rx} = \sum F_x , \quad F_{Ry} = \sum F_y , \quad F_{Rz} = \sum F_z \tag{3.5}$$

式(3.5)又称合力投影定理，它表明合力在某一轴上的投影等于各分力在同轴上投影的代数和。

【例3.1】　图 3.4 所示为一圆柱斜齿轮，传动时受到啮合力 F 的作用，若已知 $F = 7$ kN，$\alpha = 20°$、$\beta = 15°$，求 F 沿坐标轴的投影。

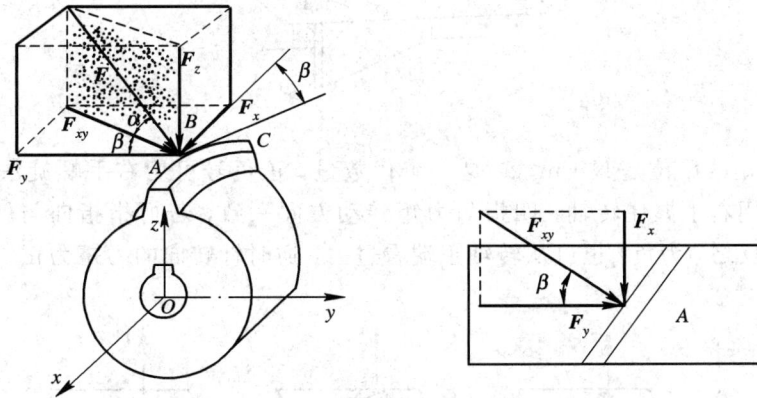

图　3.4

解　由以力 F 为对角线的正六面体可得：

径向力

$$F_z = - F \sin\alpha = -2.39 \text{ kN}$$

轴向力

$$F_x = F_{xy} \sin\beta = F \cos\alpha \sin\beta = 1.70 \text{ kN}$$

切向力

$$F_y = F_{xy} \cos\beta = F \cos\alpha \cos\beta = 6.35 \text{ kN}$$

3.2　力 对 轴 之 矩

3.2.1　力对轴之矩的计算

在工程实际中，经常遇到刚体绕定轴转动的情形，为了度量力使物体绕定轴转动的效

果，我们引入力对轴之矩的概念。

如图 3.5 所示，可把推门的力 $\boldsymbol{F}$ 分解为平行于 z 轴的分力 $\boldsymbol{F}_z$ 和垂直于 z 轴的平面内的分力 $\boldsymbol{F}_{xy}$。由经验可知，分力 $\boldsymbol{F}_z$ 不能使静止的门转动，力 $\boldsymbol{F}_z$ 对 z 轴的矩为零，只有分力 $\boldsymbol{F}_{xy}$ 才能使静止的门绕 z 轴转动。现用符号 $M_z(\boldsymbol{F})$ 表示力 $\boldsymbol{F}$ 对 z 轴之矩。点 O 为 $\boldsymbol{F}_{xy}$ 所在平面与 z 轴的交点，d 为点 O 到 $\boldsymbol{F}_{xy}$ 作用线的距离，即

$$M_z(\boldsymbol{F}) = M_z(\boldsymbol{F}_{xy}) = M_O(\boldsymbol{F}_{xy}) = \pm \boldsymbol{F}_{xy} \cdot d \tag{3.6}$$

式(3.6)表明：空间力对轴之矩等于此力在垂直于该轴平面上的分力对该轴与此平面交点之矩。

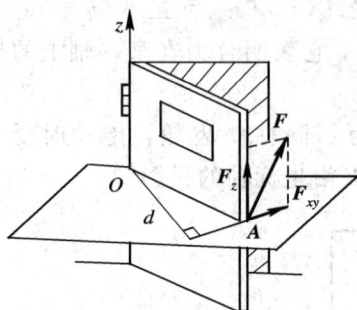

图　3.5

力对轴之矩的单位是 N·m，它是一个代数量，正负号可用右手螺旋法则来判定：如图 3.6 所示，用右手握住转轴，四指与力矩转动方向一致，若拇指指向与转轴正向一致，则力矩为正；反之，为负。也可从转轴正端看过去，逆时针转向的力矩为正，顺时针转向的力矩为负。

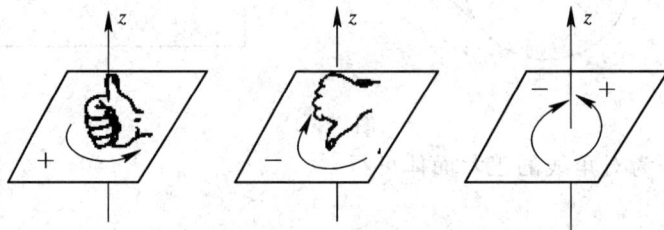

图　3.6

力对轴之矩等于零的情形：① 当力与轴相交($d=0$)时；② 当力与轴平行($\boldsymbol{F}_{xy}=0$)时。也就是说，当力与轴共面时，力对轴之矩为零。

3.2.2　合力矩定理

设有一空间力系 $\boldsymbol{F}_1, \boldsymbol{F}_2, \cdots, \boldsymbol{F}_n$，其合力为 $\boldsymbol{F}_R$，则合力对某轴之矩等于各分力对同轴之矩的代数和，表达式为

$$\left. \begin{aligned} M_x(\boldsymbol{F}_R) &= M_x(\boldsymbol{F}_1) + M_x(\boldsymbol{F}_2) + \cdots + M_x(\boldsymbol{F}_n) = \sum M_x(\boldsymbol{F}) \\ M_y(\boldsymbol{F}_R) &= M_y(\boldsymbol{F}_1) + M_y(\boldsymbol{F}_2) + \cdots + M_y(\boldsymbol{F}_n) = \sum M_y(\boldsymbol{F}) \\ M_z(\boldsymbol{F}_R) &= M_z(\boldsymbol{F}_1) + M_z(\boldsymbol{F}_2) + \cdots + M_z(\boldsymbol{F}_n) = \sum M_z(\boldsymbol{F}) \end{aligned} \right\} \tag{3.7}$$

式(3.7)称为合力矩定理,在平面力系中同样适用。

【例 3.2】 如图 3.7(a)所示,已知各力的值均等于 100 N,六面体的规格为 30 cm×30 cm×40 cm。试求:

(1) 各力在 x、y、z 轴上的投影;

(2) 力 F_3 对 x、y、z 轴之矩。

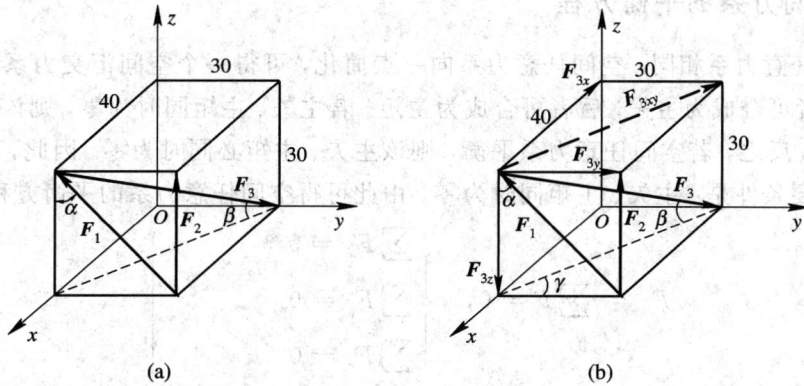

图　3.7

解 (1) 计算投影。

$$F_1: F_{1x} = 0$$

$$F_{1y} = -F\sin\alpha = -100 \times \frac{\sqrt{2}}{2} = -50\sqrt{2} = -70.7 \text{ N}$$

$$F_{1z} = F\cos\alpha = 100 \times \frac{\sqrt{2}}{2} = 50\sqrt{2} = 70.7 \text{ N}$$

$$F_2: F_{2x} = 0, F_{2y} = 0, F_{2z} = F_2 = 100 \text{ N}$$

$$F_3: F_{3x} = -F_3\cos\beta\sin\gamma = -100 \times \frac{5}{\sqrt{34}} \times \frac{4}{5} = -68.6 \text{ N}$$

$$F_{3y} = F_3\cos\beta\cos\gamma = 100 \times \frac{5}{\sqrt{34}} \times \frac{3}{5} = 51.5 \text{ N}$$

$$F_{3z} = -F_3\sin\beta = -100 \times \frac{3}{\sqrt{34}} = -51.5 \text{ N}$$

(2) 计算力对轴之矩。

先将力 F_3 在作用点处沿 x、y、z 方向分解,得到三个分量 F_{3x}、F_{3y}、F_{3z}(如图 3.7(b)所示),它们的大小分别等于投影 F_{3x}、F_{3y}、F_{3z} 的大小。

根据合力矩定理,可求得力 F_3 对指定的 x、y、z 三轴之矩如下:

$$M_x(F_3) = M_x(F_{3x}) + M_x(F_{3y}) + M_x(F_{3z}) = 0 - F_{3y} \times 0.3 + 0 = -15.5 \text{ N} \cdot \text{m}$$

$$M_y(F_3) = 0$$

$$M_z(F_3) = M_z(F_{3x}) + M_z(F_{3y}) + M_z(F_{3z}) = 0 + F_{3y} \times 0.4 + 0 = 20.6 \text{ N} \cdot \text{m}$$

3.3 空间力系的平衡方程及其应用

3.3.1 空间力系的平衡方程

与平面任意力系相同，空间任意力系向一点简化，可得一个空间汇交力系和一组空间力偶系，前者可合成为主矢，后者可合成为主矩。若主矢、主矩同时为零，则该空间任意力系必定平衡；反之，若空间任意力系平衡，则该主矢、主矩必同时为零。因此，空间任意力系平衡的充要条件是：主矢、主矩同时为零。由此可得空间任意力系的平衡方程：

$$F_R = \sum F = 0, \quad \begin{cases} \sum F_x = 0 \\ \sum F_y = 0 \\ \sum F_z = 0 \end{cases}$$

$$M_O = \sum M_O(\boldsymbol{F}) = 0, \quad \begin{cases} \sum M_x(\boldsymbol{F}) = 0 \\ \sum M_y(\boldsymbol{F}) = 0 \\ \sum M_z(\boldsymbol{F}) = 0 \end{cases} \tag{3.8}$$

前三个方程称为投影方程，表示力系中各力在三个相互垂直的坐标轴上投影的代数和分别等于零，表明物体无任何方向的移动。后三个方程为力矩方程，表示力系中各力对三个相互垂直的坐标轴的力矩代数和分别为零，表明物体无绕任何轴的转动。

空间任意力系有六个独立的平衡方程，所以空间任意力系的平衡问题最多可解六个未知量。

由式(3.8)可得出空间任意力系在特殊情况下的平衡方程式，如表3.1所示。

表 3.1 平 衡 方 程

力系	空间汇交力系	空间平行力系 （各力平行于 z 轴）	空间力偶系
平衡方程	$\begin{cases} \sum F_x = 0 \\ \sum F_y = 0 \\ \sum F_z = 0 \end{cases}$ (3.9)	$\begin{cases} \sum F_z = 0 \\ \sum M_x(\boldsymbol{F}) = 0 \\ \sum M_y(\boldsymbol{F}) = 0 \end{cases}$ (3.10)	$\begin{cases} \sum M_x(\boldsymbol{F}) = 0 \\ \sum M_y(\boldsymbol{F}) = 0 \\ \sum M_z(\boldsymbol{F}) = 0 \end{cases}$ (3.11)

3.3.2 应用举例

常见的空间约束类型和其简化画法，以及可能作用于物体上的约束力和约束力偶介绍如表3.2所示。

表 3.2　常见的空间约束类型

空 间 约 束 类 型	简化画法	约束反动
1. 向心滚子轴承与径向滑动轴承 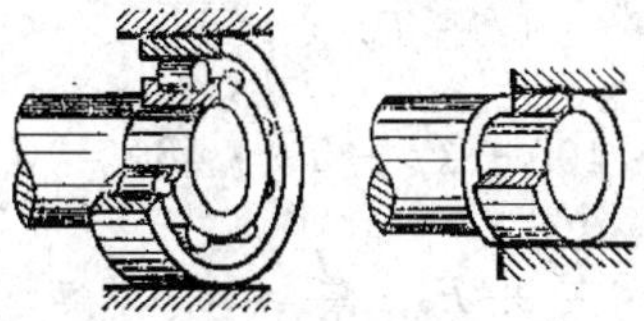	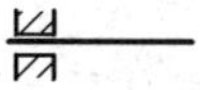	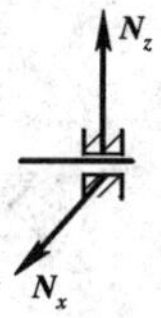
2. 向心推力圆锥滚子(球)轴承、径向止推(短)滑动轴承和球铰链 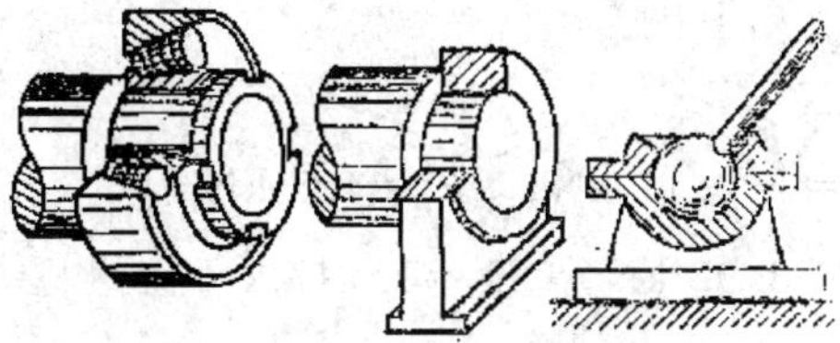		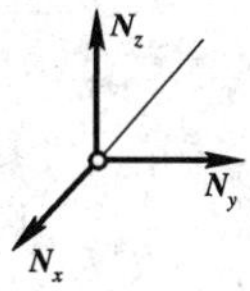
3. 柱销铰链 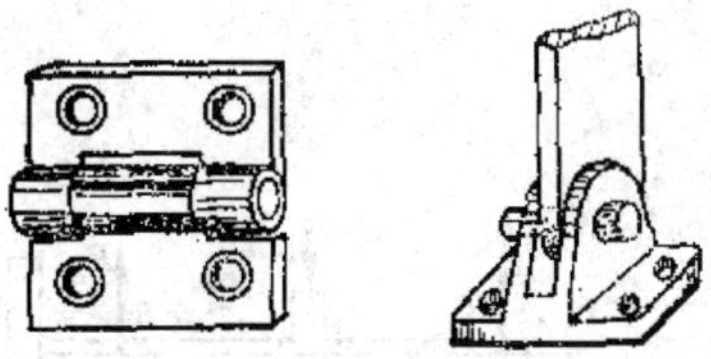	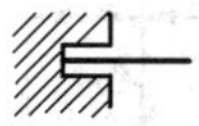	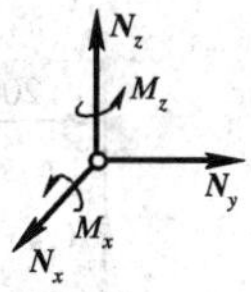
4. 固定端 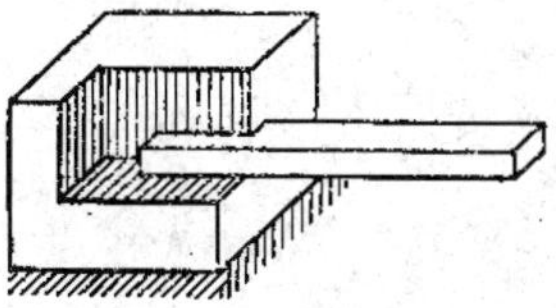	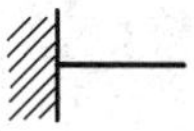	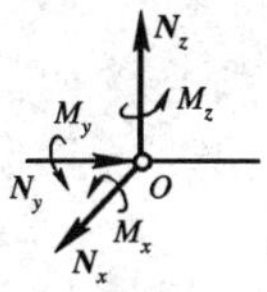

求解空间力系平衡问题的基本方法和步骤与平面力系相同，即

（1）选择研究对象，取出分离体，画分离体受力图。

（2）建立空间直角坐标系，列平衡方程。

（3）代入已知条件，求解未知量。

其中，正确地选择研究对象，画分离体受力图是解决问题的关键。

【例 3.3】　某传动轴如图 3.8(a)所示。已知皮带拉力 $T=5$ kN，$t=2$ kN，带轮直径 $D=160$ mm，分度圆直径 $d=100$ mm，压力角(齿轮啮合力与分度圆切线间夹角)$\alpha=20°$，求齿轮圆周力 F_t、径向力 F_r 和轴承的约束反力。

解　取传动轴为研究对象，画出受力图，如图 3.8(a)所示。由图可知，传动轴共受八个力作用，为空间任意力系。对于空间力系的解法有两种：一是直接应用空间力系的平衡方程求解；二是将空间力系转化为平面力系求解，即把空间的受力图投影到三个坐标平面，画出主视、俯视、侧视三个视图，分别列出它们的平衡方程，同样可解出所求的未知

量，本法特别适用于解决轮轴类构件的空间受力平衡问题。本题用两种方法分别求解。

方法一 如图 3.8(a)所示，由式(3.8)可写出平衡方程。

$$\sum F_x = 0 \quad R_{Ax} + R_{Bx} + F_t = 0$$

$$\sum F_z = 0 \quad R_{Az} + R_{Bz} - F_r - (t + T) = 0$$

$$\sum M_x(\boldsymbol{F}) = 0 \quad -F_r \cdot 200 + R_{Bz} \cdot 400 - (t + T) \cdot 460 = 0$$

$$\sum M_y(\boldsymbol{F}) = 0 \quad -(T - t) \cdot \frac{D}{2} + F_t \cdot \frac{d}{2} = 0$$

$$\sum M_z(\boldsymbol{F}) = 0 \quad -F_t \cdot 200 - R_{Bx} \cdot 400 = 0$$

$$F_r = F_t \tan\alpha$$

解得：

$$R_{Ax} = -2.4 \text{ kN}, \quad R_{Az} = -0.17 \text{ kN}, \quad F_t = 4.8 \text{ kN}$$

$$R_{Bx} = -2.4 \text{ kN}, \quad R_{Bz} = 8.92 \text{ kN}, \quad F_r = 1.747 \text{ kN}$$

直接利用空间力系的平衡方程解题时，正确地计算力在轴上的投影和力对轴之矩是解题的关键。但是，此方法在力较多时容易出错，这时往往采用第二种方法求解。

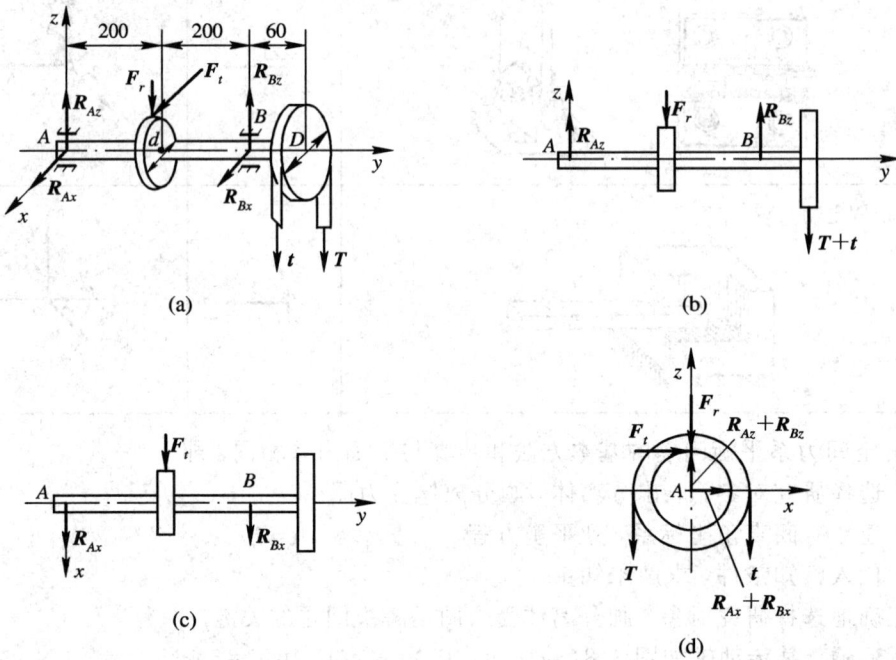

图 3.8

方法二 (1)取传动轴为研究对象，并画出它的分离体在三个坐标平面投影的受力图，如图 3.8(b)、(c)、(d)所示。

(2)按平面力系平衡问题进行计算。

① 对符合可解条件的先行求解，故从 xz 面先行求解。

对 xz 面：

$$\sum M_A(\pmb{F}) = 0 \qquad (T-t) \cdot \frac{D}{2} - F_t \cdot \frac{d}{2} = 0$$

得

$$F_t = 4.8 \text{ kN}, \quad F_r = F_t \tan\alpha = 1.747 \text{ kN}$$

② 对其余两面求解。

对 yz 面：

$$\sum M_B(\pmb{F}) = 0 \qquad -R_{Az} \cdot 400 + F_r \cdot 200 - (t+T) \cdot 60 = 0$$

得

$$R_{Az} = -0.17 \text{ kN}$$

$$\sum M_A(\pmb{F}) = 0 \qquad -200 \cdot F_r + 400 R_{Bz} - 460(t+T) = 0$$

得

$$R_{Bz} = 8.92 \text{ kN}$$

对 xy 面：由对称性得

$$R_{Ax} = R_{Bx} = -\frac{F_t}{2} = -2.4 \text{ kN}$$

比较这两种方法可以看出，后一种方法把空间力系问题转化为平面力系问题，较易掌握，尤其适用于轮轴类构件的平衡问题的求解。

░░░░░░░░░░░░░░░░░░░░░░░
思 考 与 练 习
░░░░░░░░░░░░░░░░░░░░░░░

3.1 已知力 $\pmb{F}$ 与 x 轴的夹角为 α，与 y 轴夹角为 β，以及力 $\pmb{F}$ 的大小，能否求出 $\pmb{F}_z$？

3.2 为什么力在轴上的投影是代数量，而在平面上的投影为矢量？

3.3 在什么情况下力对轴之矩为零？力对轴之矩的正负如何判断？

3.4 空间任意力系向一点简化的结果如何？

3.5 一个空间力系的问题可转化为三个平面力系问题，那么能不能由此求解九个未知量？

3.6 在如练习 3.6 图所示的边长 $a=10$ cm、$b=10$ cm、$c=8$ cm 的六面体上，作用有力 $F_1=3$ kN、$F_2=3$ kN、$F_3=5$ kN，试计算各力在坐标轴上的投影。

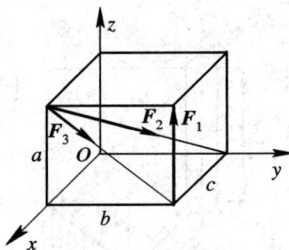

练习 3.6 图

3.7 力 $\pmb{F}$ 作用于 A 点，空间位置如练习 3.7 图所示，求此力在 x、y、z 轴上的投影。

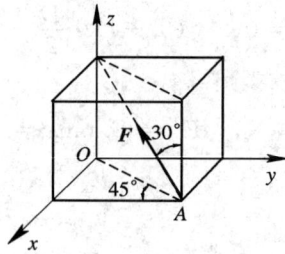

练习 3.7 图

3.8 圆柱斜齿轮传动时，轮齿受力如练习 3.8 图所示。试将轮齿所受法向力 F_n 分解为圆周力 F_t、径向力 F_r 和轴向力 F_a。已知 $F_n=1000$ N、$\alpha=20°$、$\beta=15°$，α 为 F_n 与 F_{at} 的夹角。

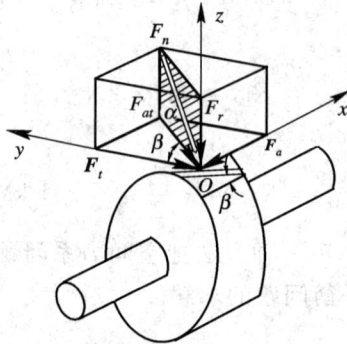

练习 3.8 图

3.9 已知 $F_1=30$ N、$F_2=25$ N、$F_3=40$ N，其他尺寸如练习 3.9 图所示。试求此三力对 x、y、z 轴之矩。

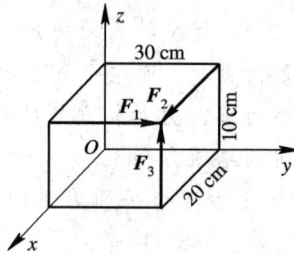

练习 3.9 图

3.10 如练习 3.10 图所示，作用于手柄上的力 $F=100$ N，求该力对各坐标轴之矩。

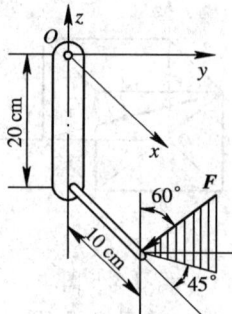

练习 3.10 图